高等学校公共课系列教材

人工智能基础与应用实验指导

RENGONG ZHINENG JICHU YU YINGYONG SHIYAN ZHIDAO

主 编 李 娜

副主编 于振华 金 浩 许元飞

西安电子科技大学出版社

内容简介

本书为人工智能概论等基础类课程的配套实验教材。全书共包含 12 个实验，分为三篇：人工智能前篇 (包含图像编辑与处理、视频编辑与处理、熟悉常用网络命令功能及使用、流程图与结构化框图设计 4 个实验)、人工智能应用篇 (包含机器学习算法应用与实现、云服务配置与应用、大模型在线绘图 3 个实验) 和人工智能信息篇 (包括 Windows 操作系统应用、信息检索与电子邮件的使用、文档编辑与内容处理、演示文稿编辑与优化、电子表格的使用与数据管理 5 个实验)。本书为不同专业、不同层次学生提供了人工智能相关实操内容，可满足理工、经管、文史各专业对人工智能实验的多元化需求。

本书注重实践操作，实验内容图文并茂、由浅及深、详略得当，旨在帮助读者通过实验操作熟练具体应用，并掌握相关技能，培养计算思维能力，为后续高阶课程的学习以及本专业与人工智能的交叉融合奠定基础。

本书适合作为高等学校本科学生人工智能通识类基础课程的实验教材，也可作为计算机培训实验用书或计算机初学者的自学用书。

图书在版编目 (CIP) 数据

人工智能基础与应用实验指导 / 李娜主编 . -- 西安：西安电子科技大学出版社，2025. 8. -- ISBN 978-7-5606-7789-7

Ⅰ. TP18

中国国家版本馆 CIP 数据核字第 20256H6V89 号

策　　划　　陈　婷
责任编辑　　陈　婷
出版发行　　西安电子科技大学出版社 (西安市太白南路 2 号)
电　　话　　(029) 88202421　88201467　　　　邮　　编　710071
网　　址　　www.xduph.com　　　　　　　　　电子邮箱　xdupfxb001@163.com
经　　销　　新华书店
印刷单位　　陕西博文印务有限责任公司
版　　次　　2025 年 8 月第 1 版　　　　　　　2025 年 8 月第 1 次印刷
开　　本　　787 毫米 ×1092 毫米　1/16　　　印　　张　14.5
字　　数　　341 千字
定　　价　　45.00 元
ISBN 978-7-5606-7789-7
XDUP 8090001 - 1
*** 如有印装问题可调换 ***

前　言

　　人工智能的飞速发展是当前时代的一个重要特征。人工智能不仅推动了技术的进步，也深刻影响着社会的各个方面，带来了新的机遇和挑战。人们对于更高效、更智能的生活方式和工作方式的需求日益迫切，信息技术和人工智能的发展也迎合了社会需求。社会需求的推动为人工智能的发展提供了广阔的市场前景和无限的发展潜力。同时，市场需求的不断增长也为人工智能的发展提供了强大的动力。随着消费者对智能化产品和服务的需求日益增长，各企业加大了在人工智能领域的投入与研发力度。

　　在以上时代背景下，高校纷纷开设人工智能公共基础课。本书是为满足理工、经管、文史各专业对人工智能实验内容的多元化需求而编写的。书中针对学生信息化知识掌握现状和未来学习、工作的实际需求，合理组织实验模块和具体的实验内容，将计算机基础、计算思维、人工智能基础应用及综合能力培养相结合，为学生后续学习相关高阶课程以及专业与人工智能技术的交叉融合奠定扎实基础。通过学习本书，读者能够在掌握人工智能相关基础后，进一步理解和体会技术应用实现的本质，具有更强的信息技术及人工智能应用能力。

　　本书由长期从事计算机基础教学的基础部课题组教师协作完成。李娜任主编，负责统稿。于振华、金浩、许元飞任副主编，负责审稿。具体编写分工如下：实验1由高峰编写，实验2由金浩编写，实验3由王昱哲编写，实验4由甘凯编写，实验5由李娜编写，实验6由于振华编写，实验7由李娜编写，实验8由高瑞华编写，实验9由张卓编写，实验10由许元飞编写，实验11由杨珺涵编写，实验12由甘凯编写。

　　读者根据教学对象和教学目标的不同，可对实验内容进行适当选择。各实验学时分配建议如下：

实验	实验内容	实验学时
实验 1	图像编辑与处理	2
实验 2	视频编辑与处理	2
实验 3	熟悉常用网络命令功能及使用	2
实验 4	流程图与结构化框图设计	4
实验 5	机器学习算法应用与实现	2
实验 6	云服务配置与应用	4
实验 7	大模型在线绘图	4
实验 8	Windows 操作系统应用	2
实验 9	信息检索与电子邮件的使用	2
实验 10	文档编辑与内容处理	4
实验 11	演示文稿编辑与优化	2
实验 12	电子表格的使用与数据管理	2
合计		32

本书在编写过程中得到人工智能与计算机学院各位领导的大力支持，同时编者也参阅了大量文献资料，在此一并表示感谢。

由于编者水平有限，书中难免有不妥或疏漏之处，恳请专家和读者不吝批评指正！

编　者

2025 年 3 月

目 录

第一篇

人工智能前篇

实验 1　图像编辑与处理

一、实验目的

(1) 了解图像处理软件的相关知识，掌握图像处理的基本方法。

(2) 熟悉常用工具、命令、对话框和调色板的使用。

(3) 掌握图层渐变填充、横排文字工具、图层蒙版的操作。

二、实验任务与要求

1. 工作界面的基本操作

(1) 菜单栏、属性栏的基本操作。

(2) 工具箱、图像编辑窗口的基本操作。

(3) 状态栏、浮动面板组的基本操作。

2. 文件的基本操作

(1) 打开文件。

(2) 新建文件。

(3) 置入文件。

(4) 存储文件。

(5) 关闭文件。

3. 图像的基本操作

(1) 图像尺寸的调整。

(2) 画布大小的调整。

(3) 图像的恢复操作。

4. 常用术语

(1) 位图与矢量图。

(2) 像素与分辨率。

(3) 色彩模式。

5. 常用文件格式

(1) PSD 格式。

(2) PSB 格式。

(3) BMP 格式。

(4) GIF 格式。

(5) JPEG 格式。

(6) PNG 格式。

三、实验内容与实验步骤

1. 实验内容

本实验要为超市经理设计一张名片。名片上以渐变蓝色背景展现科技时代感，画面简洁，信息完整。在实验过程中，需注意在文字设计时，将字母分层处理，以便后续灵活调整。整个名片的制作规划为三个阶段：首先构建科技风格的蓝色渐变背景，随后创建并设计名片正面的图像元素与文字信息，最后完成名片背面的信息制作。

2. 实验步骤

(1) 熟悉 Photoshop CS6 的操作界面。

打开 Photoshop CS6 软件，其工作界面主要包括菜单栏、属性栏、标题栏、工具箱、图像编辑窗口、状态栏、浮动面板组等，如图 1-1 所示。

图 1-1　工作界面

① 菜单栏。菜单栏由"文件""编辑""图像""图层""文字""选择"等 11 个菜单组成，单击相应的菜单按钮，即可打开下拉菜单，在下拉菜单中单击某一菜单命令即可执行该操作，如图 1-2 所示。

图 1-2　菜单栏

② 属性栏。属性栏在菜单栏的下方，主要用来设置工具的参数。不同工具的属性栏不同。如图 1-3 所示为画笔工具的属性栏。

图 1-3　属性栏

③ 标题栏。标题栏在属性栏的下方，在标题栏中会显示文件的名称、格式、窗口缩放比例以及颜色模式等，如图 1-4 所示。

图 1-4　标题栏

④ 工具箱。默认情况下，工具箱位于工作区的左侧。单击工具箱中的工具图标，即可使用该工具。部分工具图标的右下角有一个黑色小三角，表示这是一个工具组，右击该工具图标即可显示工具组中的全部工具，如图 1-5 所示。

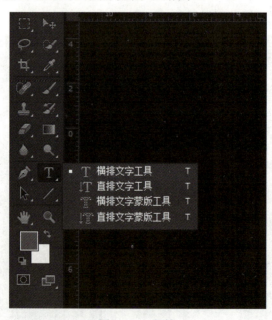

图 1-5　工具箱

⑤ 图像编辑窗口。图像编辑窗口是用来绘制、编辑图像的区域。其灰色区域是工作区，上方是标题栏，下方是状态栏。

⑥ 状态栏。状态栏位于图像窗口的底部，用于显示当前文档的测量比例、文档大小等信息。单击状态栏中的三角形图标，可以设置要显示的内容，如图 1-6 所示。

图 1-6　状态栏

⑦ 浮动面板组。面板主要用来配合进行图像编辑、操作控制以及设置参数等。每个面板的右上角都有一个菜单按钮，单击该按钮即可打开该面板的设置菜单。常用的面板有"图层"面板、"属性"面板、"通道"面板、"动作"面板、"历史记录"面板和"颜色"面板等。如图 1-7 所示为"图层"面板。

图 1-7　浮动面板组

(2) 名片设计详细步骤如下。

① 制作名片的背景。步骤：单击"文件"→"新建"命令，打开"新建"对话框，设置各个参数如图 1-8 所示，单击"确定"按钮。

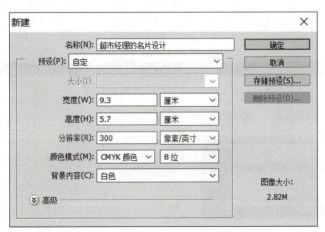

图 1-8　"新建"对话框

② 设置"出血"范围（"出血线"的作用是为了避免印刷后裁切时出现白边的情况），这里的"出血"范围参数分别是：垂直 0.15 厘米和 9.15 厘米，水平 0.15 厘米和 5.55 厘米。

步骤：如果标尺未打开，首先使用快捷键 Ctrl+R 打开标尺；然后打开"视图"→"新建参考线"对话框，如图 1-9 所示。在"取向"单选按钮分别选择"垂直"和"水平"，在"位置"文本框分别输入各个参数。设置完成的效果如图 1-10 所示。

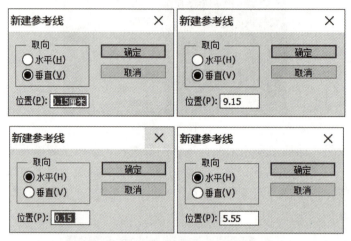

图 1-9 出血范围参数设置

图 1-10 "出血"范围设置效果

③ 新建"组 1"图层组，操作过程如图 1-11 所示。

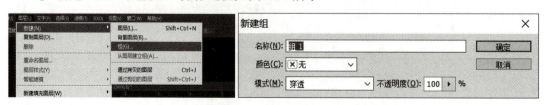

图 1-11 新建"组 1"图层组

④ 单击"图层"面板中的"创建新的填充或调整图层"按钮 ，在弹出的快捷菜单中选择"渐变"命令，打开"渐变填充"对话框，如图 1-12 所示。

图 1-12　打开"渐变填充"对话框

⑤ 单击"渐变填充"对话框的渐变条，打开"渐变编辑器"对话框，如图 1-13 所示。

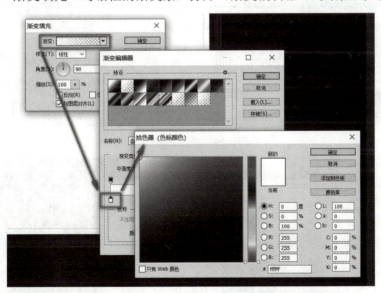

图 1-13　"渐变编辑器"对话框

⑥ 编辑渐变背景。双击色标图标，打开"拾色器（色标颜色）"对话框。拾色器支持四种颜色模式，可通过输入数值精确控制颜色。

HSB 模式 (色相、饱和度、亮度)：

• H (Hue)：0°～360°，表示颜色的基本属性 (如红、蓝、绿)。

• S (Saturation)：0%～100%，表示颜色的纯度 (0% 为灰色，100% 为纯色)。

• B (Brightness)：0%～100%，表示颜色的明暗程度 (0% 为黑色，100% 为最亮)。

RGB 模式（红、绿、蓝)：

• R (Red)、G (Green)、B (Blue)：0 ～ 255，表示三原色的混合比例（常用于屏幕显示）。

• 十六进制代码：如 #FF0000（红色），可直接输入以匹配网页颜色。

Lab 模式：

• L (Lightness)：0 ～ 100，表示亮度。

• a：-128 ～ +127（绿—红轴）。

• b：-128 ～ +127（蓝—黄轴）。

CMYK 模式（青、品红、黄、黑）：

• C (Cyan)、M (Magenta)、Y (Yellow)、K (Black)：0% ～ 100%，用于印刷颜色设置。

通过拾色器对话框，分别输入五个色标的相应数值，完成背景颜色的设置 (新的色标通过点按可添加)，如图 1-14 ～图 1-19 所示。

图 1-14　添加新的色标

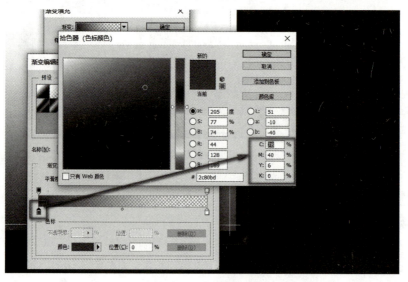

图 1-15　色标 1 颜色设置

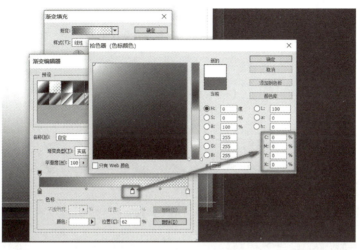

图 1-16　色标 2 颜色设置

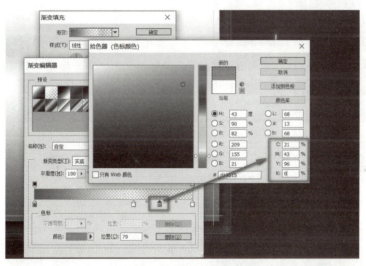

图 1-17　色标 3 颜色设置

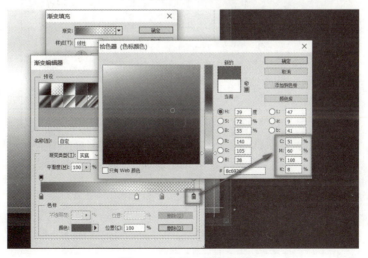

图 1-18　色标 4 颜色设置

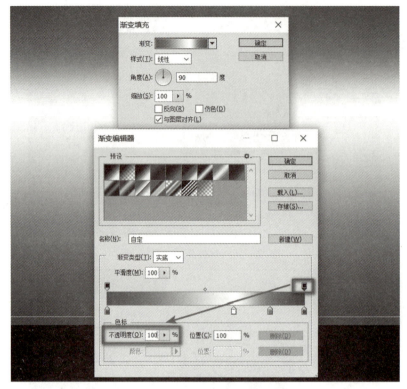

图 1-19　色标 5 颜色和不透明度设置

⑦ 颜色设置完成后，调整三个色标的大概位置，如图 1-20 所示。

图 1-20　调整三个色标的位置

⑧ 调整好三个色标位置后单击"确定"按钮，在"渐变填充"对话框中设置"反向"效果，如图 1-21 所示。至此，名片背景制作完成。

图 1-21　设置"反向"效果

⑨ 创建名片正面的图像及文字信息。添加"购物车"图像并调整其大小和位置。步骤："文件"→"打开"→"购物车 . jpg"，将其拖至当前正在编辑的文档中。首先通过快捷键 Ctrl+T 选中"购物车"图像；然后调整其大小及位置；最后右键选择"水平翻转"选项，按回车键确认调整，效果如图 1-22 所示。

图 1-22　调整"购物车"图像后的效果

⑩ 为购物车所在的图层添加图层蒙版。单击"添加图层蒙版"按钮 ，如图 1-23 所示。添加完成图层蒙版"图层 1"后，如图 1-24 所示。

图 1-23 "添加图层蒙版"按钮

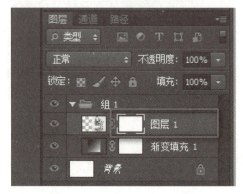

图 1-24 添加完成图层蒙版

⑪ 在图层蒙版中绘制渐变效果，从而隐藏购物车边缘图像。步骤：选择工具箱中的"渐变工具"，属性栏"点按可编辑渐变"，打开"渐变编辑器"对话框，如图 1-25 所示。

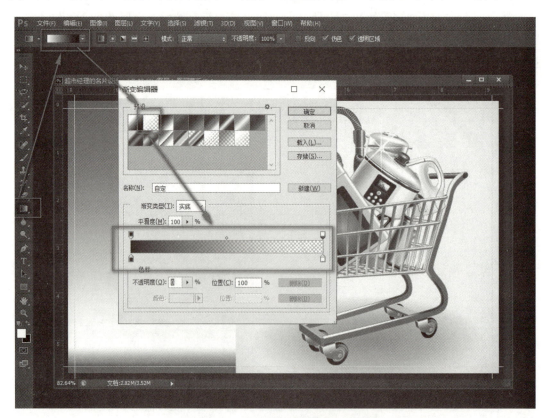

图 1-25 打开"渐变编辑器"对话框

⑫ 在"购物车"图像上沿着水平向右的方向拖动鼠标一段距离后释放鼠标，如图 1-26 所示。

图 1-26 鼠标拖放操作

⑬ 完成隐藏"购物车"图像边缘效果，如图 1-27 所示。

图 1-27 完成隐藏图像边缘效果

⑭ 添加"人名"和"职务"信息。步骤：使用"横排文字工具" ，在视图中输入文字，选中文字后使用快捷键 Ctrl + T，在"字符"调板中调整字体样式和大小，如图 1-28 所示。

图 1-28　设置人名和职务信息

⑮ 添加超市名等其他信息。输入文字、设置字体样式和大小的方法同上，效果如图 1-29 所示。

图 1-29　设置其他信息

⑯ 创建"图层 2"。单击"图层"调板底部的"创建新图层",如图 1-30 中的①所示。添加完成后的效果如图 1-30 中的②所示。

图 1-30 新建图层

⑰ 添加横线装饰。使用"矩形选框工具"  绘制直线,如图 1-31 所示。

图 1-31 添加横线装饰

⑱ 设置横线装饰填充颜色为黑色。步骤：首先，单击图 1-32 中①处的按钮，设置前景色为黑色；接着，使用快捷键 Alt + Delete 进行填充；最后，使用快捷键 Ctrl + D 取消选择，效果如图 1-32 所示。

图 1-32　设置横线装饰填充后的效果

⑲ 添加"网址"信息。输入文字、设置字体样式和大小的方法同步骤⑭。至此，已完成名片正面的设计，效果如图 1-33 所示。

图 1-33　名片正面设计效果

⑳ 制作名片的背面信息。新建"组 2"图层组,设置过程同步骤③,如图 1-34 所示。

图 1-34 新建图层组"组 2"

㉑ 复制"组 1"图层组中的"渐变填充 1"图层(选中"渐变填充 1",单击鼠标右键,单击"复制图层…"),并将复制的图层拖放到"组 2"图层组,如图 1-35 所示。

图 1-35 将复制的图层拖放到"组 2"图层组

㉒ 隐藏"组 1"图层组。单击"指示图层可见性"按钮 ,如图 1-36 所示。

图 1-36　隐藏"组 1"图层组

㉓ 使用"横排文字工具" T 添加广告语，如图 1-37 所示。

图 1-37　添加广告语

㉔ 新建"图层 3"，使用"矩形选框工具" 绘制装饰条，如图 1-38 所示。

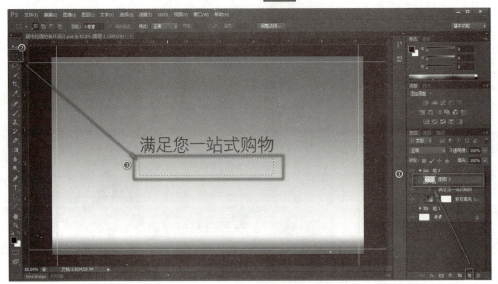

图 1-38　在新建图层中绘制装饰条

㉕ 单击图 1-39 中①处的按钮，设置装饰条填充颜色为"蓝色"（RGB 值中 R：43，G：138，B：204）。

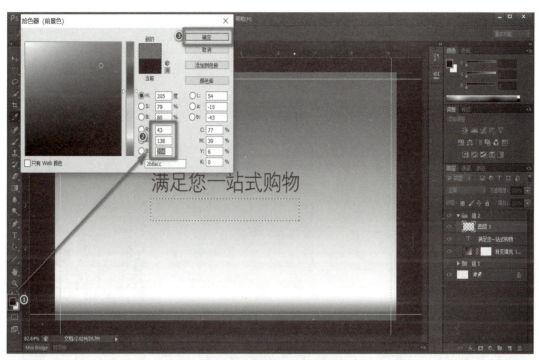

图 1-39　设置装饰条填充颜色

㉖ 使用快捷键 Alt+Delete 进行填充，效果如图 1-40 所示。

图 1-40　填充效果

㉗ 设置装饰条镂空效果。通过"选择"→"变换选区"调整选区大小,按回车键确认,分别如图 1-41、图 1-42 和图 1-43 所示。

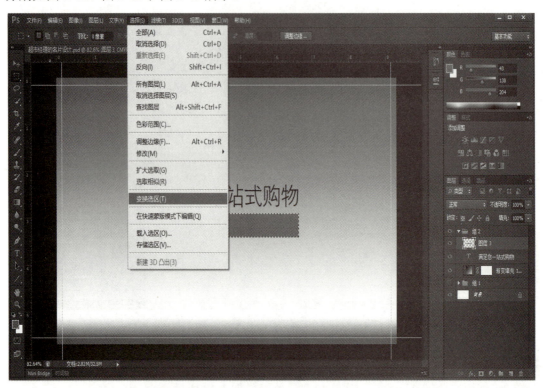

图 1-41 打开"变换选区"菜单

图 1-42 调整选区大小

图 1-43　确认选区大小

㉘ 先使用 Delete 键删除调整后的选区，再使用快捷键 Ctrl + D 取消选择，效果如图 1-44 所示。

图 1-44　完成装饰条镂空效果

㉙ 使用"横排文字工具"添加其他文字。

至此，已完成名片背面的设计，如图 1-45 所示。

图 1-45　名片背面设计效果

整个名片的正面和背面的设计效果如图 1-46 所示。

图 1-46　完整名片设计效果

四、思考与扩展练习

1. 设计一张名片。要求：

(1) 名片整体要美观、简洁、大方、得体，信息清晰明了。

(2) 设计规格为 90 mm × 54 mm。

(3) 制作步骤可以参考超市经理名片设计案例。

备注：所需素材由学生自行准备。

2. 制作一张明信片。要求：

(1) 明信片整体要美观、简洁、大方、得体，信息清晰明了。

(2) 展现古镇的人文建筑风光，可增加传统诗词，展现传统文化的魅力。

(3) 设计规格为 165 mm × 102 mm。

备注：所需素材由指导老师提供给学生或者学生自行准备。

分析：

明信片的版式设计有固定的框架：正面为图像，可以放古镇的风景照，并在合适位置加上古诗词；背面则放邮编框和邮票框等内容。效果参考图 1-47 和图 1-48。

图 1-47　明信片正面效果图

图 1-48　明信片背面效果图

实验 2　视频编辑与处理

一、实验目的

(1) 了解计算机视频编辑软件 Premiere Pro CC 2018。

(2) 掌握软件 Premiere Pro CC 2018 实现视频图像编辑的基本方法。

(3) 了解 Premiere Pro CC 2018 多种效果的制作方法。

(4) 掌握 Premiere Pro CC 2018 的视频剪辑、转场特效、字幕以及背景音乐的制作。

二、实验任务与要求

1. Premiere Pro CC 2018 基本功能

(1) 视频创作工具。

(2) 视频剪辑、转场和音乐等。

(3) 歌词的制作和批量字幕的自动生成。

2. 常见视频格式

(1) MPEG/MPG。

(2) QTM。

(3) AVI。

(4) MOV。

(5) DAT。

3. 转场的制作和编辑

(1) 新建项目文件。

(2) 视频、音频、图片素材导入。

(3) 视频剪辑。

(4) 设置转场特效。

(5) 为素材添加字幕。

(6) 为素材添加背景音乐，制作完成 1 个转场加音效的电影片段。

(7) 导出视频文件。

三、实验内容与实验步骤

1. 实验内容

利用 Premiere Pro CC 2018 制作有一定效果的电影片段。要求使用转场的制作方法编辑片段，并在片段中加入适当的字母和音乐。设置转场效果（在其自带的转场效果中任意选择即可），在已设置转场效果的片段上添加声音，最终生成可以直接播放的电影片段。

2. 实验步骤

(1) 双击如图 2-1 所示的 Premiere Pro CC 2018 图标。图 2-2 是 Premiere Pro CC 2018 正在打开时的界面。打开后的界面如图 2-3 所示。

图 2-1　Premiere Pro CC 2018 图标

图 2-2　Premiere Pro CC 2018 正在打开时的界面

图 2-3　Premiere Pro CC 2018 开始界面

(2) 选择图 2-3 中的"新建项目",新建一个名称为"666"的项目,如图 2-4 所示。浏览选择项目位置,点击"确定"按钮。进入主界面,如图 2-5 所示。主界面包括四个主要的子功能窗口:源、节目、项目、时间轴。可以通过单击鼠标左键的方式选中不同的子功能窗口,从而进行对应的操作。

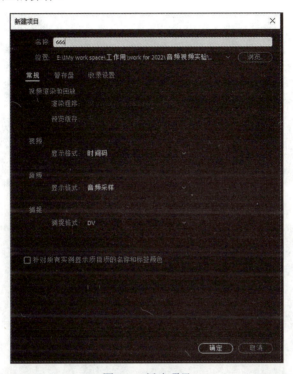

图 2-4　新建项目

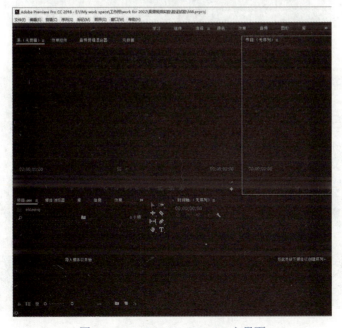

图 2-5　Premiere Pro CC 2018 主界面

(3) 双击子功能窗口"项目"内的"导入媒体以开始"位置(如图 2-6 所示),依次导入需要的素材文件(如图 2-7 所示);这里依次导入视频素材:车 _01.mp4、车 _02.mp4、车 _03.mp4,然后将其按顺序拖入子功能窗口"时间轴"内(如图 2-8 所示),可以发现素材分布在音频 (A) 和视频 (V) 轨道。

图 2-6　导入素材窗口

图 2-7　导入素材

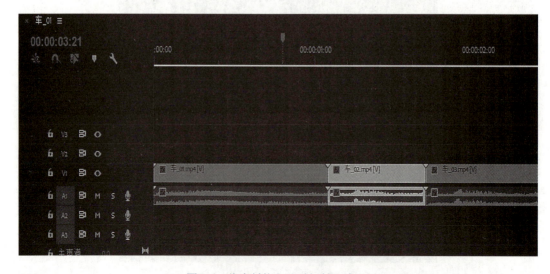

图 2-8　将素材拖入"时间轴"窗口

(4) 点击"节目"窗口下方的播放按钮，预览导入的素材 (如图 2-9 所示)。点击卡尺可以选择不同的预览位置，预览有助于视频片段的编辑。

图 2-9　预览素材

(5) 在"时间轴"窗口，左键单击选中"车 _02.mp4" (如图 2-10 所示)，在该视频边缘处，鼠标对应光标变成红色，通过拖动光标缩短视频长度 (如图 2-11 所示)。

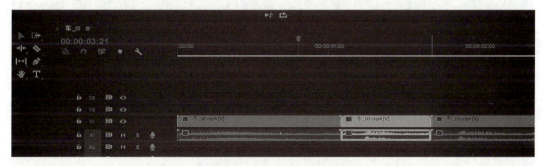

图 2-10　选中"车 _02.mp4"

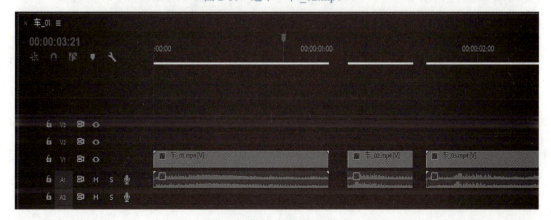

图 2-11　缩短"车 _02.mp4"

(6) 在"时间轴"窗口，对"车 _03.mp4"使用"剃刀工具"删除部分内容。首先左键单击选中"车 _03.mp4"，然后用鼠标选择"时间轴"窗口左边的"剃刀工具"图标◆。

选中后鼠标以该工具的图标显示，这时依次点击要删除部分的开始和结束位置，从而切开视频。最后在需删除部分右键单击，选择"波纹删除"（如图 2-12 所示）。

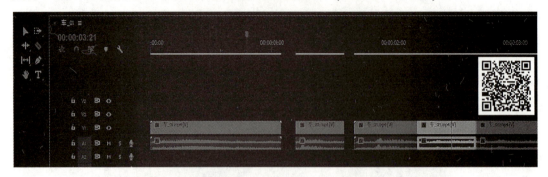

图 2-12 "剃刀工具"的使用

（7）鼠标重新选择窗口左边的"选择工具"图标 ，右键单击"车 _01.mp4"和"车 _02.mp4"之间的空白，选择"波纹删除"，"车 _02.mp4"和"车 _03.mp4"之间的空白以同样方式处理（如图 2-13 所示）。

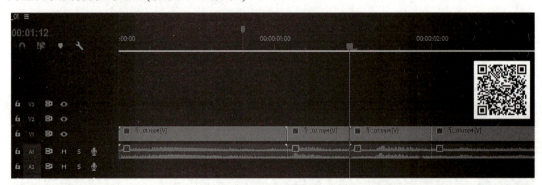

图 2-13 删除空白区域

（8）按照步骤(3)的方法，导入"11.mp4"，并将其拖到"时间轴"窗口中的"车 _03.mp4"之后（如图 2-14 所示）。由于"11.mp4"没有声音信息，所以仅在视频 (V) 轨道上。

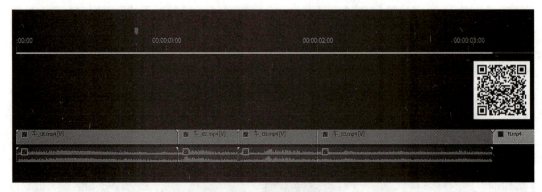

图 2-14 添加视频文件

（9）在"项目"窗口点击"效果"菜单，选择"视频过渡"→"溶解"→"交叉溶解"（如图 2-15 所示），鼠标左键将"交叉溶解"拖动到"时间轴"窗口中的"车 _03.mp4"和"11.mp4"之间（如图 2-16 所示）。在左上方的"源"窗口中，对"交叉溶解"的时间长度进行编辑，方法是：

在"时间轴"窗口选中要编辑的"交叉溶解",然后在"源"窗口中利用鼠标在边缘处拖动(如图 2-17 所示)。

图 2-15　交叉溶解

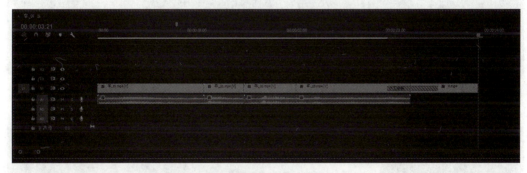

图 2-16　添加交叉溶解

图 2-17　交叉溶解的编辑

(10) 用步骤 (9) 的方法，分别给"车 _01.mp4"和"车 _02.mp4"之间、"车 _02.mp4"和"车 _03.mp4"之间添加"交叉溶解"转场效果。

(11) 选择"时间轴"窗口左侧的"横排文字工具"图标 **T**，在"节目"窗口点击卡尺可以选择添加字幕的视频帧，然后在视频上单击确定字幕出现的位置，输入字幕"风驰电掣，纵享科技！"(如图 2-18 所示)。选中文字 (如图 2-19 所示)，在"源"窗口中编辑字号、颜色 (如图 2-20 所示)。点击"选择工具"图标 ▶，可以用鼠标拖动字幕的位置。

图 2-18　添加字幕

图 2-19　选中字幕

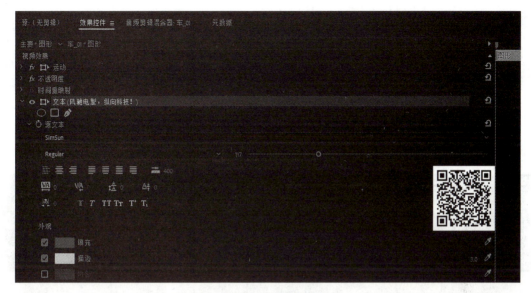

图 2-20　字幕的编辑

(12) 在"时间轴"窗口，选中添加的字幕元素，将鼠标放在两端调节长度，使其与视频相适应 (如图 2-21 所示)。

图 2-21　调节字幕时间轴长度

(13) 选择音乐"22.mp3" (如图 2-22 所示)，导入项目，将其拖到音频轨道后面 (如图 2-23 所示)。

图 2-22　导入音乐"22.mp3"

图 2-23　将"22.mp3"拖入音频轨道

(14) 利用"剃刀工具 ▨ "删除"22.mp3"部分内容,使其与视频部分匹配 (如图 2-24 所示)。

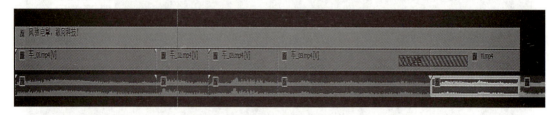

图 2-24　编辑音频

(15) 导出视频。选择"节目"窗口或者"时间轴"窗口后,点击 Premiere Pro CC 2018 主界面菜单栏"文件"→"导出"→"媒体",格式选择 H.264(如图 2-25 所示),在输出名称后面单击,出现"另存为"窗口,选择保存路径和修改文件名 (如图 2-26 所示) 后,点击"保存"按钮,回到图 2-25 所示界面,点击"导出",完成项目。文件较大时,编码时间较长。

图 2-25　导出项目

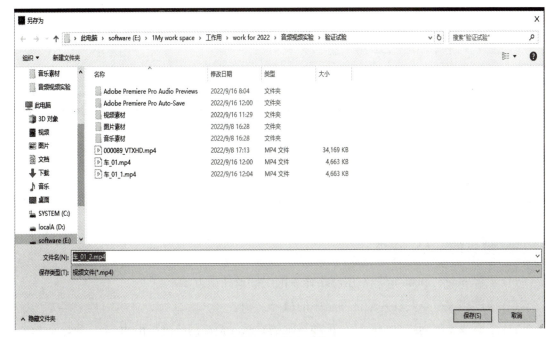

图 2-26 保存文件

(16) 正在编码生成的 mp4 文件，如图 2-27 所示。

图 2-27 正在编码生成的 mp4 文件

四、思考与扩展练习

完成一份所在大学介绍与自身校园生活相结合的视频转场效果，要求不仅体现出进入大学后自身的变化和成长，还要展现校园风光。场景不限，如校园一角、图书馆、宿舍、课堂等。建议使用视频、图像、音乐等形式的素材，利用视频编辑、交叉溶解、添加字幕和背景音乐等功能。

实验 3　熟悉常用网络命令功能及使用

一、实验目的

(1) 了解 ping、ipconfig 等常用网络命令的功能及使用方法。

(2) 通过相关命令发现并验证网络中的故障。

(3) 掌握基本的网络系统故障分析和排除的方法，提高网络维护能力。

二、实验任务与要求

1. 计算机网络系统常见故障分类

(1) 网卡故障。

(2) 计算机网络软件和协议配置问题。

(3) LAN 网络连线故障。

(4) 网关故障。

(5) DNS 故障。

(6) 骨干网故障。

(7) 网络服务器故障。

(8) 网络病毒等。

2. 常用网络命令

(1) ping 命令。

(2) netstat 命令。

(3) ipconfig 命令。

(4) arp 命令。

(5) tracert 命令。

(6) route 命令。

三、实验内容与实验步骤

1. 实验内容

利用网络命令来诊断和排除网络故障。首先使用 ping 命令测试当前计算机与外部网站的连通性，确认基本网络功能是否正常；接着使用 ipconfig 命令获取当前计算机的网络配置信息，包括 IP 地址、子网掩码、默认网关和 DNS 服务器等；然后利用 netstat 命令查看当前的网络连接状态，使用 arp 命令查看 ARP 缓存表中的 IP 地址与 MAC 地址的映射关系，再通过 tracert 命令追踪数据包到达目标主机的路径，最后使用 route 命令查看和管理路由表。

2. 实验步骤

(1) 打开命令行界面，在 Windows 中打开"命令提示符"(cmd)。

按下 Windows + R 键，打开"运行"对话框。在"运行"对话框中输入：cmd，然后按 Enter 键或点击"确定"按钮。打开的命令界面如图 3-1 所示。

图 3-1 Windows 下打开命令提示符界面

(2) 使用 ping 命令测试网络连通性。

ping 命令是一个连通性测试命令，用于确定本地主机是否能够与另外一台设备交换数据。

① 请在命令提示符中输入：ping 127.0.0.1，然后按 Enter 键。这是一个常用的命令，用于测试本地计算机的网络功能。127.0.0.1 是回环地址 (Loopback Address)，代表本地主机。通过这个命令，网络管理员可以检查本地网络接口是否正常工作。命令示例如图 3-2 所示。

图 3-2 ping 命令检查本地网络接口

上述结果表示发送了 4 个数据包，接收了 4 个数据包，没有数据包丢失，这说明网络连接正常。往返行程的估计时间为 0 ms，表示往返时间非常短，这说明网络延迟很低。

② 请在命令提示符中输入：ping <目标 IP 地址>，例如 ping 192.168.1.2，然后按 Enter 键。请记录：上机实验的计算机 ping 测试的结果，包括往返时间 (RTT) 和丢包率。

③ 请在命令提示符中输入：ping www.baidu.com。命令示例如图 3-3 所示。

图 3-3　ping 命令测试计算机与百度网站的连通性

这是一个用于测试计算机与百度网站的连通性的命令。通过这个命令，可以检查计算机是否能够成功解析百度的域名并与其服务器建立连接。

④ ping 命令有许多参数，可以用来定制和控制 ping 命令请求的行为。

a. 请在命令提示符中输入：ping -t 192.168.1.2，然后按 Enter 键。

该命令持续不断地发送 ping 请求，直到用户中断（通常按 Ctrl + C 键）。

b. 请在命令提示符中输入：ping -n 5 192.168.1.2，然后按 Enter 键。

该命令发送指定数量的 ping 请求，该例子发送 5 个 ping 请求。

c. 请在命令提示符中输入：ping -l 1024 www.sina.com.cn，然后按 Enter 键。

该命令设置发送的数据包大小（字节数）。该例子发送 1024 个字节的数据包。

(3) 使用 ipconfig 命令获取网络配置信息。

使用 ipconfig 命令可以查看各计算机的网络配置信息，包括 IP 地址、子网掩码、默认网关等。

① 在命令提示符中输入：ipconfig /all，然后按 Enter 键。

命令示例如图 3-4 所示。

图 3-4　ipconfig /all 命令示例

ipconfig /all 命令用于显示所有网络适配器的详细配置信息，提供比 ipconfig 更多的详细信息，包括物理地址 (MAC 地址)、DHCP 服务器、租约时间、DNS 服务器等。

② ipconfig /release 命令用于释放当前通过 DHCP 服务器分配的 IP 地址和其他网络配置信息。

请在命令提示符中输入：ipconfig /release，然后按 Enter 键。

命令示例如图 3-5 所示。

图 3-5　ipconfig /release 命令示例

当执行 ipconfig /release 命令时，计算机将向 DHCP 服务器发送一个消息，请求释放当前分配的 IP 地址，并清除本地网络接口上的当前配置信息。

③ ipconfig renew 命令的主要功能是更新网络接口的 IP 地址。当使用 ipconfig /renew 命令时，计算机将向 DHCP(动态主机配置协议) 服务器请求新的 IP 地址。

请在命令提示符中输入：ipconfig /renew，然后按 Enter 键。

命令示例如图 3-6 所示。

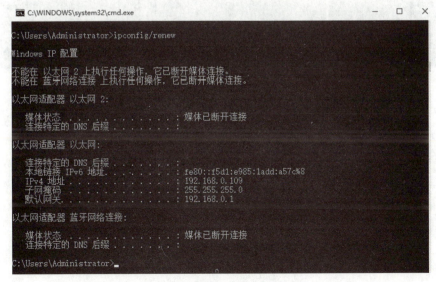

图 3-6　ipconfig /renew 命令示例

执行该命令后，如果一切正常，设备应该会从 DHCP 服务器获得一个新的 IP 地址，或者重新确认现有的 IP 地址。

(4) 使用 netstat 命令查看网络连接。

netstat 命令，用于显示网络连接、路由表、接口统计信息、伪装连接和多播成员等网络相关信息。netstat 命令可以帮助网络管理员和系统管理员诊断网络问题、监控网络连接和查看网络配置。

① netstat -s 命令主要用于显示网络统计信息，包括各个协议（如 TCP、UDP、IP 等）的相关统计数据。

请在命令提示符中输入：netstat -s，然后按 Enter 键。

命令示例如图 3-7 所示。

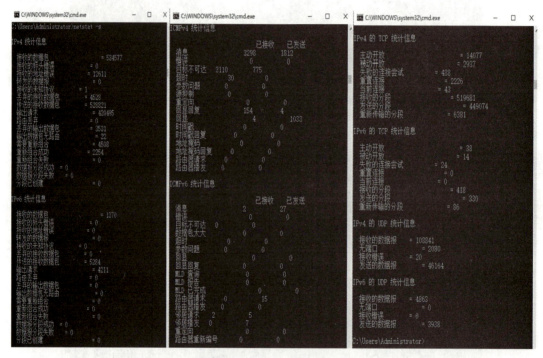

图 3-7　netstat -s 命令示例

该命令按照各个协议分别显示其统计数据。如果应用程序运行速度比较慢，或者不能显示 Web 页之类的数据，那么就可以用该命令来查看所显示的信息。通过分析这些统计数据，可以判断网络通信是否存在问题，比如数据包丢失、连接失败、重传次数过多等异常情况。

② netstat -e 命令用于显示关于以太网的统计数据，用来统计一些基本的网络流量。

请在命令提示符中输入：netstat -e，然后按 Enter 键。

命令示例如图 3-8 所示。

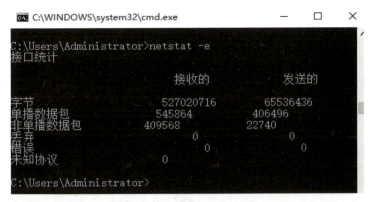

图 3-8　netstat -e 命令示例

该命令列出的项目包括传送的数据报的总字节数、错误数、删除数、数据报的数量和广播的数量。这些统计数据既有发送的数据报数量，也有接收的数据报数量。

③ netstat -r 命令用于显示当前系统的路由表。路由表包含了网络路由的信息，这些信息决定了数据包如何从一个网络节点传递到另一个网络节点。

请在命令提示符中输入：netstat -r，然后按 Enter 键。

命令示例如图 3-9 所示。

图 3-9　netstat -r 命令示例

通过查看路由表，网络管理员可以了解网络的拓扑结构和数据包的转发路径。

④ netstat -a 命令用于显示所有活动的网络连接和监听端口。这个命令可以帮助网络管理员查看系统中所有正在使用的网络连接，包括 TCP 和 UDP 连接，以及正在监听的端口。这对于网络管理和故障排除非常有用。

请在命令提示符中输入：netstat -a，然后按 Enter 键。

命令示例如图 3-10 所示。

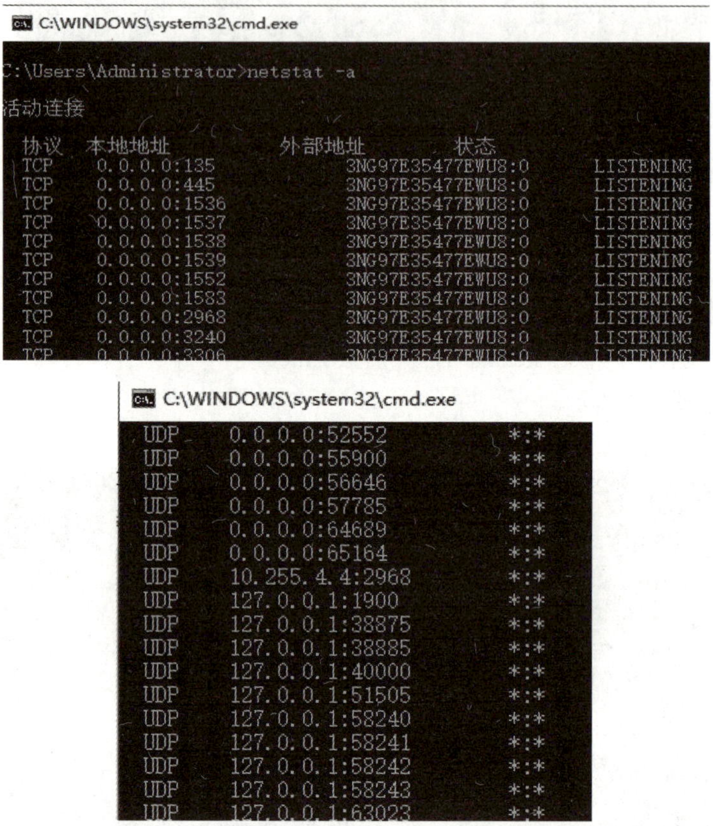

图 3-10　netstat -a 命令示例

当网络连接出现问题时，可以通过 netstat -a 命令查看所有活动的连接，找出可能的问题点。通过显示所有活动的 TCP 连接、正在监听的端口以及网络接口的信息，能够检查是否有未建立成功的连接、哪些服务正在监听特定端口，以及是否存在异常的网络活动。

⑤ netstat -n 命令用于显示网络连接、路由表和网络接口等信息，但与 netstat 的其他命令不同的是，会以数字形式显示地址和端口号，而不是尝试将其解析为主机名和服务名。这可以加快命令的执行速度，并且在某些情况下（例如，当 DNS 解析失败时）更可靠。因为 DNS 解析需要查询 DNS 服务器来获取域名对应的 IP 地址，这会增加额外的时间开销。在 DNS 服务器不可用或响应慢的情况下，使用 netstat -n 命令可以避免因 DNS 解析问题导致的延迟或错误。

请在命令提示符中输入：netstat -n，然后按 Enter 键。

命令示例如图 3-11 所示。

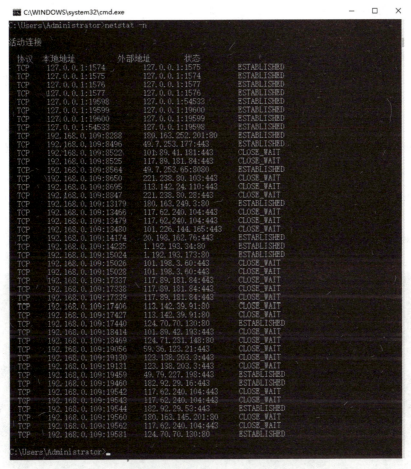

图 3-11　netstat -n 命令示例

(5) 使用 arp 命令查看地址解析协议缓存。

　　arp 命令用于显示和修改地址解析协议 (ARP) 缓存中的项目。ARP 缓存用于存储 IP 地址和对应的硬件 (MAC) 地址之间的映射关系,以便在网络通信中快速查找目标设备的物理地址。参数 a 显示 ARP 缓存中与该 IP 地址相关的条目。

　　请在命令提示符中输入: arp -a,然后按 Enter 键。

　　命令示例如图 3-12 所示。

图 3-12　arp -a 命令示例

通过查看和管理 ARP 缓存，可以更好地排查网络连接问题，也能增强网络的安全性。

(6) 使用 tracert(或 traceroute) 命令追踪路由路径。

tracert 是一个网络诊断命令，用于确定数据包从源主机到目标主机所经过的路由路径。通过这个命令，网络管理员可以看到数据包经过的每一个路由器，并了解每个跳点的响应时间。通过分析各跳点的延迟和丢包情况 (例如：如果某跳点的响应时间显著增加或出现"请求超时"，可能表明该跳点存在网络拥塞、设备故障或安全策略阻止了探测请求的情况。)，管理员能定位潜在的网络瓶颈或故障点，采取适当的措施来优化网络性能或解决问题。

请在命令提示符中输入：tracert www.baidu.com，然后按 Enter 键。(注意：这个命令会运行比较长的时间。)

命令示例如图 3-13 所示。

图 3-13　tracert www.baidu.com 命令示例

tracert 命令可以追踪数据包从源主机到目标主机所经过的路由路径，帮助管理员识别网络延迟、丢包或路径异常等问题，从而进行有效的网络故障排除和性能优化。

(7) 使用 route 命令查看和管理路由表。

route 命令是一个用于管理和查看网络路由表的命令行工具。通过 route 命令，可以添加、删除或修改路由表项，这对于网络管理和故障排除非常有用。路由表决定了数据包如何从一个网络节点发送到另一个网络节点。当网络中出现故障路由器时，管理员能够利用 route 命令及时修改路由表，绕过故障路由器，更新规划数据包的转发路径，避免网络中断，从而保障网络通信高效且稳定地运行。

route print 命令用于显示路由表中的当前项目，当网卡配置了 IP 地址后，系统会依据网络连接情况自动添加路由表项。这些自动生成的表项能够指导数据包在网络中的流向，帮助系统找到通往目标网络的最佳路径，实现本地设备与其他网络设备间的数据通信。与此同时，除了系统自动添加的项目外，管理员还可以根据网络管理需求手动添加、修改或删除特定的路由表项。

请在命令提示符中输入：route print，然后按 Enter 键。

命令示例如图 3-14 所示。

图 3-14　route print 命令示例

route print 命令可以显示当前系统的路由表信息，帮助诊断网络连接问题。通过分析路由表中的条目，管理员找出可能导致网络故障的原因，并采取相应的措施。

四、思考与扩展练习

1. 模拟网络故障并进行故障排除分析

模拟网络故障场景，例如拔掉某台计算机的网线、关闭网络设备等，制造网络不通的情况。再次使用网络命令测试之前成功的连接，观察测试结果的变化，确定故障的影响范围。使用 tracert/traceroute 命令追踪数据包的路径，尝试定位故障发生的位置，分析故障原因。

2. 故障排除

根据上述分析的结果，采取适当的措施恢复网络连接，如重新插好网线、重启网络设备等。重复使用 ping 和 tracert/traceroute 命令，验证网络连接是否已经恢复正常。

实验 4　流程图与结构化框图设计

一、实验目的

(1) 掌握算法描述工具 Raptor、绘图软件 Visio。

(2) 掌握算法基本程序结构：顺序结构、选择结构和循环结构的设计方法。

(3) 掌握算法的结构化设计思想。

(4) 了解递归法求解问题思想。

(5) 熟悉冒泡排序、选择排序基本思想。

二、实验任务与要求

(1) 加深对算法设计和流程图的认识与理解。

(2) 掌握算法设计工具 Raptor、绘图软件 Visio 的基本环境。

(3) 掌握顺序结构、选择结构和循环结构的设计方法。

(4) 掌握 Raptor 的子程序设计方法。

(5) 掌握 Visio 绘制流程图的方法。

(6) 掌握常见算法的思想。

三、实验内容与实验步骤

实验 4-1　熟悉 Raptor 基本环境

1. 实验内容

通过 Raptor 工具软件编写算法。

2. 实验步骤

(1) Raptor 是一款免费工具，下载安装后，点击"开始"按钮，启动 Raptor 软件，如图 4-1 所示。

图 4-1　启动 Raptor

(2) 点击 Raptor 图标，启动 Raptor 软件工作界面，如图 4-2 所示。

Raptor 软件工作界面说明：

符号区域：列出了 Raptor 提供的 6 种基本符号，包括 Assignment(赋值语句)、Call(过程调用)、Input(输入语句)、Output(输出语句)、Selection(选择语句) 和 Loop(循环语句)。

主工作区：用于拖放和连接流程图符号，构建算法逻辑。

① 观察窗口：在程序运行过程中实时显示变量的值。

② 运行调试按钮：图 4-2 中从左到右依次为运行程序、暂停程序、停止程序和单步执行按钮。

③ 调速滑块：调节流程图的执行速度按钮，调整程序执行速度，便于观察运行过程。

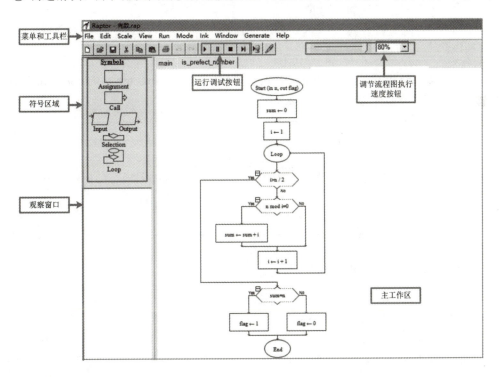

图 4-2　Raptor 软件工作界面

(3) 保存 Raptor 指令，鼠标点击 "File" 菜单，选择 "Save" 命令，如图 4-3 所示，或者按快捷键 Ctrl+S，或者点击工具栏上的 "Save" (保存) 按钮，启动保存指令窗口对所写指令进行保存，如图 4-4 所示。

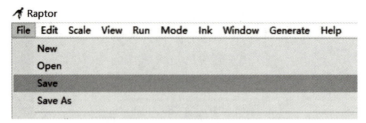

图 4-3 保存 Raptor 指令

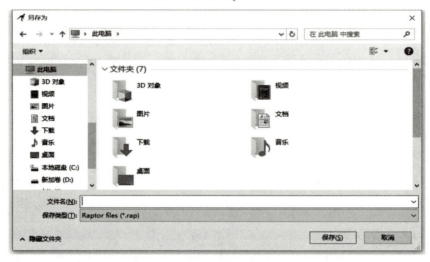

图 4-4 "保存"窗口

(4) 运行 Raptor 指令，鼠标点击 "Run" 菜单，选择 "Execute to Completion" 命令，或者点击工具栏上的运行按钮，如图 4-5 所示。

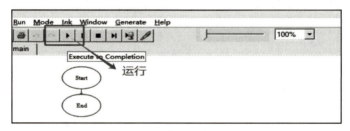

图 4-5 运行指令

(5) 运行后查看指令结果如图 4-6 所示。

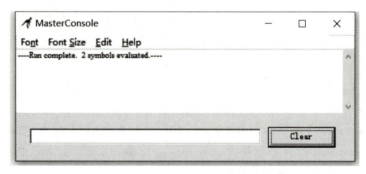

图 4-6 运行后结果

实验 4-2 指令的输入和输出

1. 实验内容

利用 Raptor 编写程序，实现输入个人姓名、学号和专业，执行算法并输出结果。

2. 实验步骤

(1) 启动 Raptor 软件，鼠标点击菜单"File"→"Save"，保存文件。鼠标选中符号区域的"输入符号"并将其添加到指令中，鼠标双击"输入符号"，如图 4-7 所示。

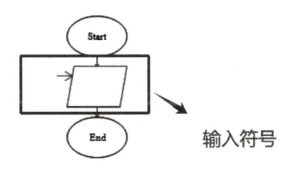

图 4-7　输入符号

在弹出的窗口中输入提示信息"Please enter your name"和存放姓名的变量"xm"，如图 4-8 所示。

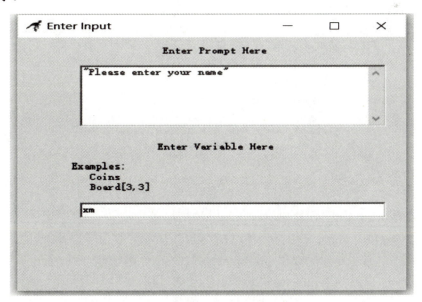

图 4-8　输入提示信息和变量"xm"

(2) 按照步骤 (1)，在弹出的窗口中输入提示信息"Please enter your student number"和存放学号的变量"xh"。接着，再按照步骤 (1)，在弹出的窗口中输入提示信息"Please enter your major"和存放专业的变量"zy"，如图 4-9 所示。

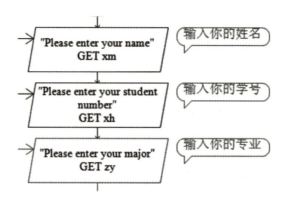

图 4-9　输入提示信息和变量"xh"和"zy"

(3) 鼠标选中符号区域的"输出符号"并将其添加到指令中，如图 4-10 所示。

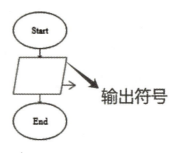

图 4-10　输出符号

(4) 鼠标双击"输出符号"，在弹出的窗口中输入提示信息"My name is " +xm+",My Student number is " +xh+",My major is " +zy" "，如图 4-11 所示。

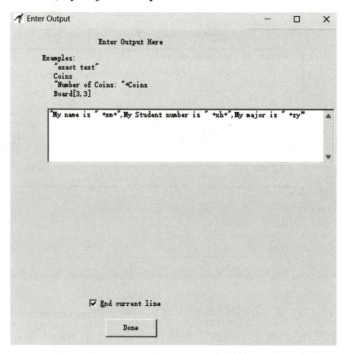

图 4-11　输入提示信息和变量"xm""xh"和"zy"

(5) 保存并且运行算法，输入学生姓名结果如图 4-12 所示，输入学号结果如图 4-13 所示，输入专业结果如图 4-14 所示，算法运行结果如图 4-15 所示。

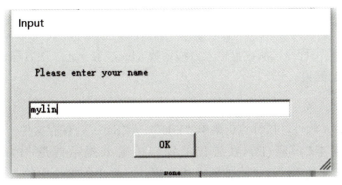

图 4-12 输入学生姓名

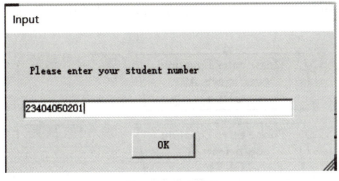

图 4-13 输入学号

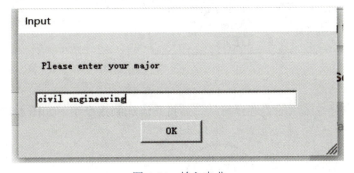

图 4-14 输入专业

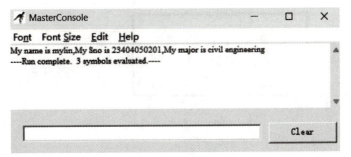

图 4-15 算法运行结果

实验 4-3　熟悉选择算法

1. 实验内容

利用 Raptor 编写程序，从键盘输入方程系数 a,b,c，求一元二次方程 $ax^2+bx+c=0$ 的根。执行并查看算法的结果。

2. 实验步骤

(1) 启动 Raptor 软件，鼠标点击菜单"File"→"Save"，保存文件。

(2) 按照实验 4-2 步骤 (1)，在弹出的窗口中输入提示信息"Please enter Equation coefficients A"和变量"a"。再次按照上述步骤，在弹出的窗口中输入提示信息"Please enter Equation coefficients B"和变量"b"。再次按照上述步骤，在弹出窗口中输入提示信息"Please enter Equation coefficients c"和变量"c"，如图 4-16 所示。

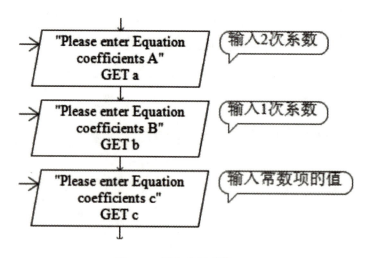

图 4-16　输入方程系数

(3) 鼠标选中符号区域的"选择符号"并将其添加到指令中，如图 4-17 所示。

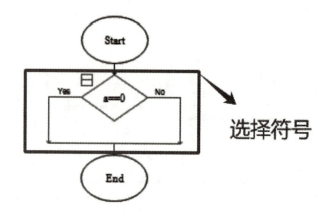

图 4-17　选择符号

(4) 鼠标双击"选择符号",在弹出窗口的选择条件输入框中输入条件"a==0",如图 4-18 所示。

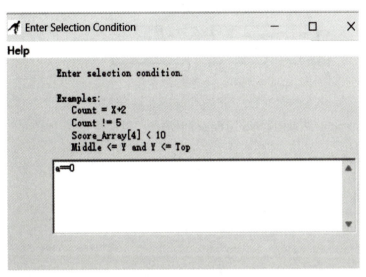

图 4-18　输入条件

(5) 在选择 a==0 的结果为"Yes"(True) 时添加"选择符号",在弹出窗口的选择条件输入框中输入提示信息"b==0"。在选择 b==0 的结果为"Yes"(True) 时,添加"选择符号",在弹出窗口的选择条件输入框中输入提示信息"c==0",如图 4-19 所示。

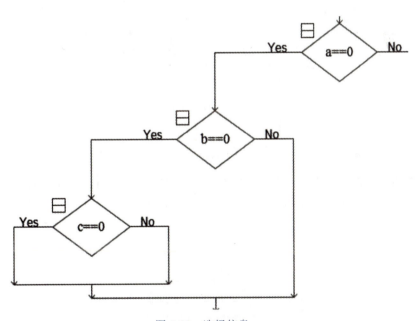

图 4-19　选择信息

(6) 在选择 c==0 的结果为"Yes"(True) 时添加"输出符号",实现输出"The equation is infinite root"(方程有无数根)。在选择 c==0 的结果为"No"(False) 时添加"输出符号",实现输出"Equations have no root"(方程没有根),如图 4-20 所示。

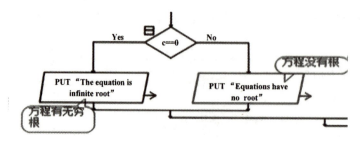

图 4-20　实现输出

(7) 在选择 a==0 的结果为"No"(False) 时添加"赋值符号",如图 4-21 所示。

图 4-21　赋值符号

(8) 双击"赋值符号",在弹出的窗口中实现计算 b*b－4*a*c 并且将结果赋给变量 d,如图 4-22 所示。

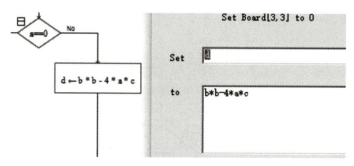

图 4-22　赋值 d

(9) 添加"选择符号",在选择 d<0 的结果为"Yes"(True) 时添加"输出符号",实现输出"Equations have no root"(方程无根),如图 4-23 所示。

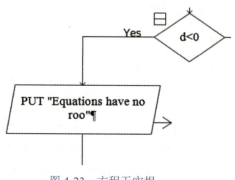

图 4-23　方程无实根

(10) 在选择 d<0 的结果为"No"(False) 时添加"选择符号",在弹出窗口的选择条件输入框中输入条件"d==0"。在选择 d==0 的结果为"Yes"(True) 时添加"输出符号",实现输出"The equation is "+(-b/2*a)(方程有两个相同的根 -b/2*a)"",如图 4-24 所示。

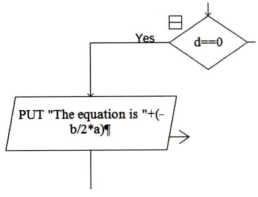

图 4-24　方程有相同的实根

(11) 在选择 d==0 结果为"No"(Flase) 时添加"赋值符号",实现计算"x1=(-b+sqrt(d))/2*a"。再次添加"赋值符号",实现计算"x2=(-b-sqrt(d))/2*a"。添加"输出符号",实现输出 x1 和 x2,"sqrt"为数学求平方根函数,如图 4-25 所示。

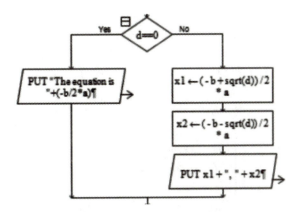

图 4-25　计算并输出两个不等的根

(12) 单击"Run"按钮,执行程序,结果如图 4-26 所示。

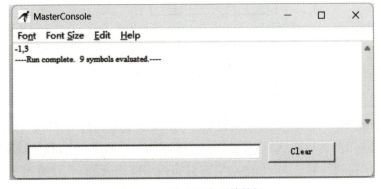

图 4-26　输出两个不等的根

实验 4-4   熟悉循环算法

1. 实验内容

利用 Raptor 编写程序,打印出 100 到 999 之间所有的"水仙花数"。所谓"水仙花数"是指一个三位数,其各位数字立方和等于该数本身。例如:153 是一个"水仙花数",因为 $153=1^3 + 5^3 + 3^3$。

2. 实验步骤

(1) 启动 Raptor 软件, 鼠标点击菜单"File"→"Save", 保存文件。

(2) 鼠标选中符号区域的"赋值符号",添加"赋值符号",将 100 赋值给变量 x,如图 4-27 所示。

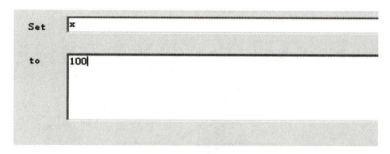

图 4-27   输入 3 位数给变量 x

(3) 鼠标选中符号区域的"循环符号",添加"循环符号",如图 4-28 所示。

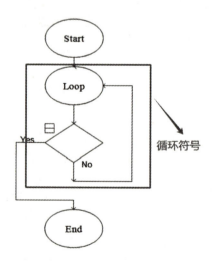

图 4-28   添加"循环符号"

(4) 鼠标双击"循环符号",在弹出的窗口中输入结束循环条件"i>1000",如图 4-29 所示。

(5) 鼠标选中符号区域的"赋值符号",并将其添加到循环指令中,鼠标双击"赋值符号",在弹出的窗口中实现计算"floor(n/100)"并且将结果赋给变量 a,计算出百位数,floor( )为向下取整函数,如图 4-30 所示。

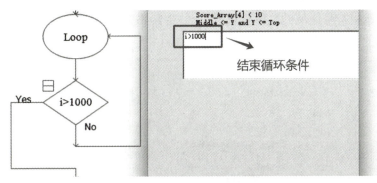

图 4-29 添加结束循环条件

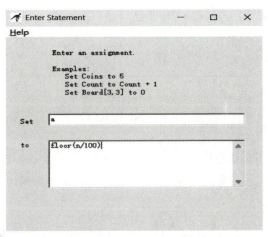

图 4-30 计算百位数

(6) 鼠标选中符号区域的"赋值符号",并将其添加到循环指令中,鼠标双击"赋值符号",在弹出的窗口中实现计算"floor(n/10) mod 10"并且将结果赋给变量 b,计算出十位数,mod 为求余运算,如图 4-31 所示。

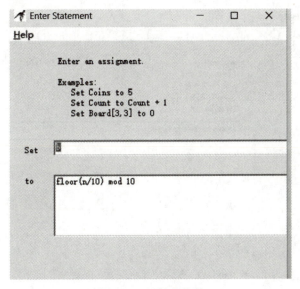

图 4-31 计算十位数

(7) 鼠标选中符号区域的"赋值符号",并将其添加到循环指令中,鼠标双击"赋值符号",在弹出的窗口中实现计算"n mod 10"并且将结果赋给变量 c,计算出个位数,如图 4-32 所示。

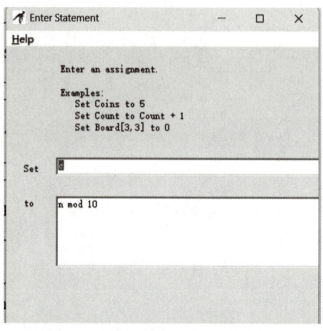

图 4-32 计算个位数

(8) 鼠标选中符号区域的"选择符号"并将其添加到指令中,鼠标双击"选择符号",在弹出窗口的选择条件输入框中输入"水仙花数"条件:n==a*a*a+b*b*b+c*c*c,如图 4-33 所示。

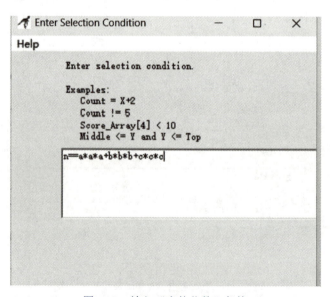

图 4-33 输入"水仙花数"条件

(9) 选择结果为"Yes"时添加"输出符号",输出变量 n,如图 4-34 所示。

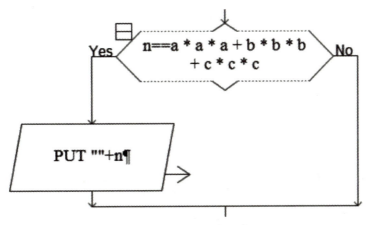

图 4-34　输出"水仙花数"

(10) 在结束选择后，添加"赋值符号"，将变量 n 赋值为 n+1，如图 4-35 所示。

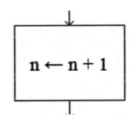

图 4-35　变量 n 加 1

(11) 完整算法如图 4-36 所示。

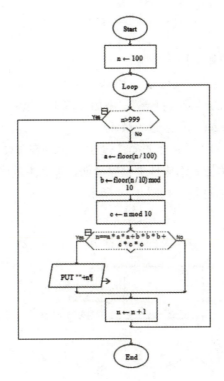

图 4-36　水仙花数算法

(12) 单击"Run"按钮，执行程序，结果如图 4-37 所示。

图 4-37　100 到 999 的水仙花数

实验 4-5　熟悉模块化程序算法

1. 实验内容

通过 Raptor 工具软件编写算法，实现输入 n，输出 1!+2! +3! +⋯ +n! 的结果。

2. 实验步骤

(1) 启动 Raptor 软件，鼠标点击菜单"File"→"Save"，保存文件。

(2) 单击菜单"Run"→"intermediate"，启动中级模式，如图 4-38 所示。

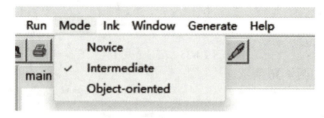

图 4-38　启动中级模式

(3) 在 main 算法中实现如下操作步骤。

① 鼠标选中符号区域的"赋值符号"，添加"赋值符号"，将 0 赋值给变量 s。

② 鼠标选中符号区域的"输入符号"，添加并双击"输入符号"，在弹出的窗口中输入信息"Please enter an integer"和存储变量 n。

③ 鼠标选中符号区域的"调用子过程"符号，因为在算法设计里面经常会遇到比较复杂的问题，如果把所有的指令都放到主程序里面，那么主程序就会显得太臃肿，不够精炼，所以引入 Raptor 中的子过程，如图 4-39 所示。

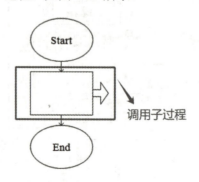

图 4-39　子过程调用

④ 输出 1～n 的阶乘的和 s，主程序如图 4-40 所示。

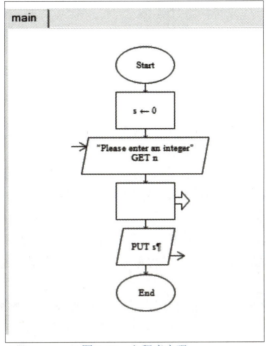

图 4-40　主程序实现

鼠标右击"main"标签，在弹出菜单中选择"Add procedure"，创建子过程"pro_sum"，如图 4-41 所示。

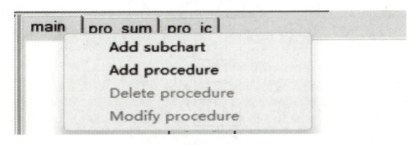

图 4-41　创建子程序

(4) 在弹出的窗口中输入子过程名称"pro_sum"，选中"Input"选项确定变量 n 为输入变量，选中"Input"和"Output"选项，确定变量 s 为输入、输出变量，如图 4-42 所示。

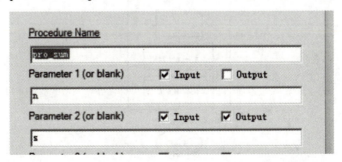

图 4-42　子过程设置

(5) 创建子过程 "pro_sum" 成功, 如图 4-43 所示。

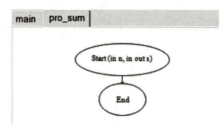

图 4-43 子过程创建成功

(6) 在 pro_sum 算法中实现以下操作步骤。

① 鼠标选中符号区域的 "赋值符号", 添加 "赋值符号", 变量 i 为循环变量, 将 1 赋值给变量 i, 变量 jc 为存储阶乘值的变量, 将 1 赋值给变量 jc, 变量 s 为存储阶乘和的变量, 将 0 赋值给变量 s。

② 鼠标选中符号区域的 "循环符号", 添加 "循环符号", 设置循环条件为 "i>n"。

③ 鼠标选中符号区域的 "调用子过程符号", 添加 "调用子过程符号", 调用求阶乘子过程 "pro_jc"。

④ 鼠标选中符号区域的 "赋值符号", 添加 "赋值符号", 将变量 s 与变量 jc 的和赋值给变量 s。

⑤ 鼠标选中符号区域的 "赋值符号", 添加 "赋值符号", 将变量 i 加 1 的值赋给变量 i。"pro_sum" 求和子过程, 如图 4-44 所示。

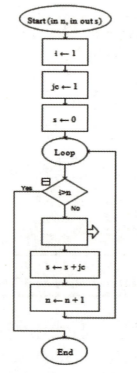

图 4-44 "pro_sum" 求和子过程

⑥ 鼠标右击"pro_sum"标签，在弹出的菜单中选择"Add procedure"，创建子过程"pro_jc"。该子过程的功能为求 n 的阶乘，并设置输入变量 i 和输入、输出变量 jc，如图 4-45 所示。

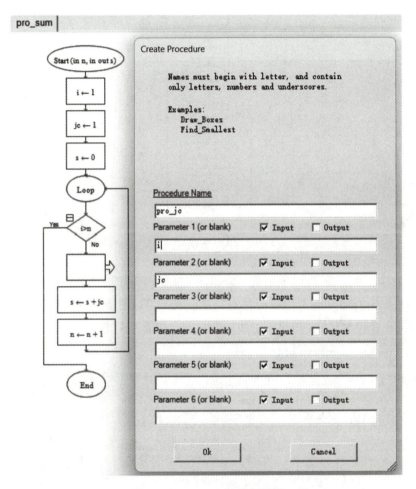

图 4-45　"pro_jc"子过程设置

(7) 在 pro_jc 算法中实现如下操作步骤。

① 鼠标选中符号区域的"赋值符号"，添加"赋值符号"，变量 i 为循环变量，将 1 赋值给变量 i，变量 jc 为存储阶乘值的变量，将 1 赋值给变量 jc。

② 鼠标选中符号区域的"循环符号"，添加"循环符号"，设置循环条件为"i>n"。

③ 鼠标选中符号区域的"调用子过程符号"，添加"调用子过程符号"，调用求阶乘子过程"pro_jc"。

④ 鼠标选中符号区域的"赋值符号"，添加"赋值符号"，将变量 i 和变量 jc 的乘积赋值给变量 jc。

⑤ 鼠标选中符号区域的"赋值符号"，添加"赋值符号"，将变量 i 加 1 的值赋值给变量 i。求阶乘子过程"pro_jc"，如图 4-46 所示。

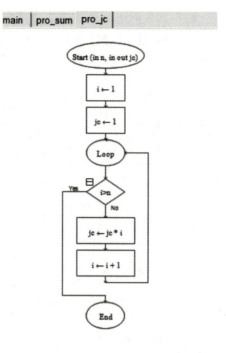

图 4-46 "pro_jc"求阶乘子过程

(8) 鼠标点击"pro_sum"子过程标签，鼠标双击"调用子过程"符号，添加调用子过程"pro_jc"并且传入变量 i 和传入、传回变量 jc，如图 4-47 所示。

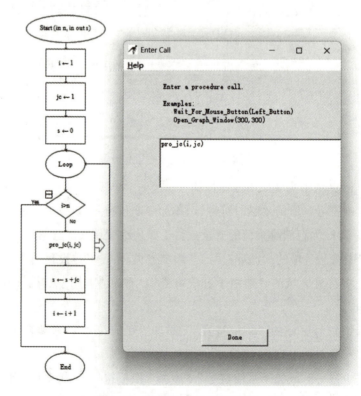

图 4-47 调用"pro_jc"子过程

(9) 鼠标点击"main"主过程标签,鼠标双击"调用子过程"符号,添加调用子过程"pro_sum"并且传入变量 n 和传入、传回变量 s，如图 4-48 所示。

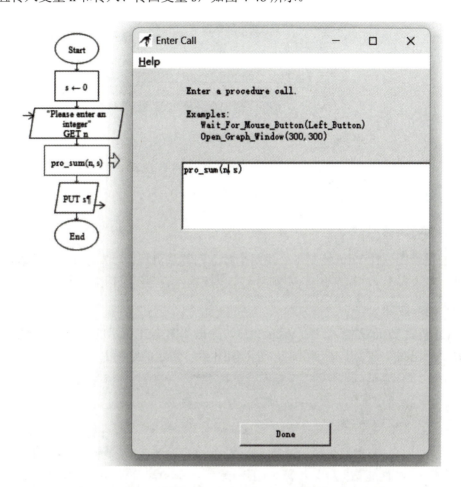

图 4-48　调用"pro_sum"子过程

(10) 单击"Run"按钮，执行程序，输入 3 赋值给变量 n，如图 4-49 所示。

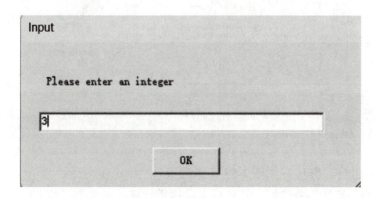

图 4-49　输入 3 赋值给变量 n

(11) 单击"ok"按钮，算法运行结果如图 4-50 所示。

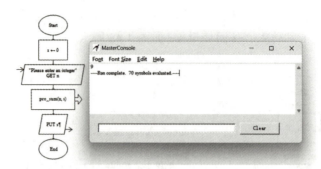

图 4-50　算法运行结果

实验 4-6　熟悉 Visio 绘制流程图的方法

1. 实验内容

利用绘图软件 Visio 绘制"交换两个数"的算法流程图。算法描述：输入两个数 x,y，判断 x 是否大于 y，若 x 小于 y，则将 x 与 y 交换，否则不进行交换，最后输出 x,y。

2. 实验步骤

(1) 新建 Visio 文档。启动 Visio 2013，弹出如图 4-51 所示的"选择绘图类型"界面，选择"流程图"→"基本流程图"，进入如图 4-52 所示的绘图主界面。

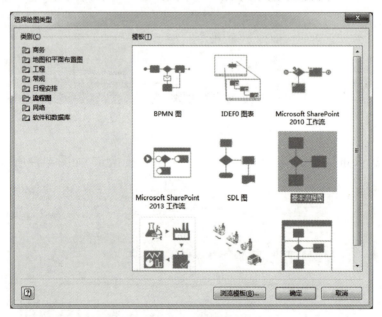

图 4-51　选择绘图类型界面

(2) 开启自动连接功能。在如图 4-53 所示的菜单栏中选中"视图"菜单，在"视觉帮助"分组中点击"自动连接"复选框。开启后当鼠标指针移动到某个形状上时，形状四周会出现"自动连接"的箭头，将鼠标移动到某个箭头上，可以根据提示选择某个形状，即可将该形状自动添加并与当前形状自动连接。

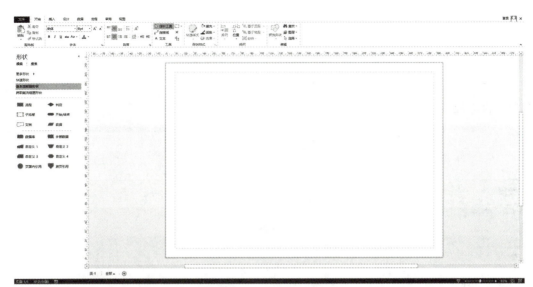

图 4-52　Visio 绘图主界面

图 4-53　"视图"菜单

　　(3) 拖拽绘制形状。在绘图主界面的左侧形状窗格中将"开始 / 结束"形状拖拽到右侧绘图页的适当位置，该形状则被添加到当前绘图页中。选中该形状，并将鼠标指针移动至该形状上，则会显示上、下、左、右 4 个方向的自动连接箭头，在形状的边角处会有 8 个用于调整形状大小的"选择手柄"，在形状上方会显示一个可旋转形状方向的"旋转手柄"，如图 4-54 所示。

图 4-54　在绘图页中选中"开始 / 结束"形状

(4) 利用自动连接功能添加形状。将鼠标指针移动到"开始 / 结束"形状下方的蓝色箭头时，会显示一个浮动的工具栏，如图 4-55 所示。该工具栏中有常用的"流程""判定""子流程""开始 / 结束"形状，当点击其中一个形状时，该形状将会被添加到当前的绘图页中，并自动与原形状建立连接线。如果需要的形状不在该工具栏中，可以在左侧"形状"窗格中选中所需形状，然后再点击"自动连接箭头"，该形状会被添加并与原形状自动连接。

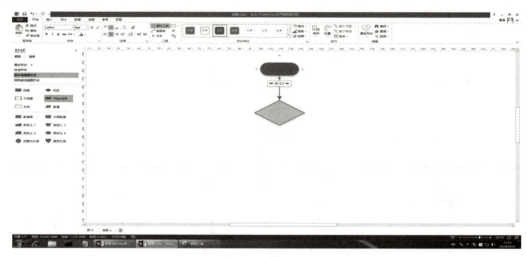

图 4-55　利用自动连接功能添加形状

例如需要添加一个"数据"形状，可以在左侧形状窗格中点击"数据"形状，再回到绘图页中点击"开始 / 结束"形状下方的自动连接箭头，该形状会被添加并自动连接，然后可以通过形状边角上的"选择手柄"调整形状大小，如图 4-56 所示。

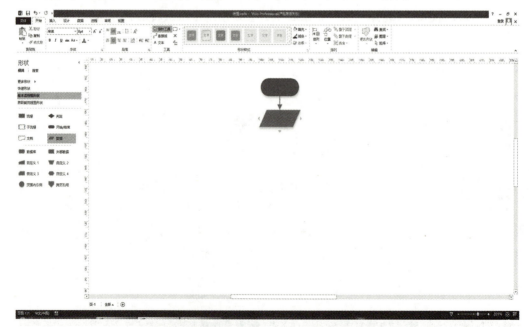

图 4-56　利用自动连接功能添加"数据"形状

(5) 在形状中添加文本。在图 4-56 中双击"开始／结束"形状，添加文字内容"开始"，双击"数据"形状，添加文字内容"输入 x,y"，然后单击绘图页的空白区域，完成文本的添加与编辑，如图 4-57 所示。

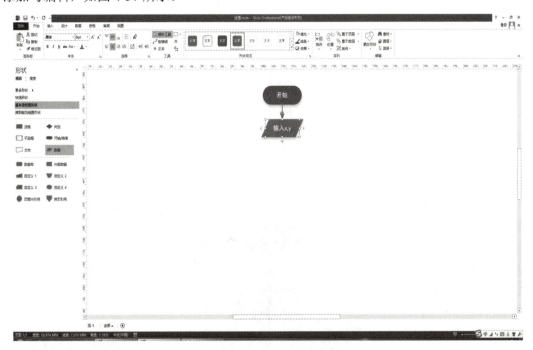

图 4-57　在形状中添加文本

按照上述方法逐步添加流程图所需的形状与文字内容，并保存文件名为"两个数交换流程图 .vsdx"，添加完所需形状与文字内容的流程图如图 4-58 所示。

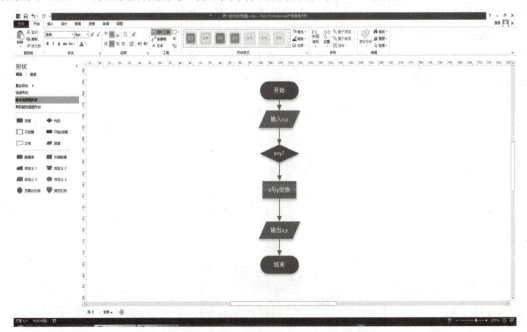

图 4-58　添加完所需形状与文字内容的流程图

(6) 绘制形状间的其他连接线。在 Visio 绘图页中，任意形状之间都可以添加连接线，其方法是在"开始"菜单栏的工具组中单击"连接线"按钮，如图 4-59 所示。然后将鼠标指针放在需要连接的形状上，按住左键将其拖动到目的位置，即可完成连接线的绘制，如图 4-60 所示。绘制完成后，再次单击工具组中的"指针工具"按钮退出连接线的编辑状态。

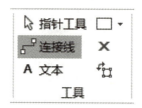

图 4-59   单击"连接线"按钮

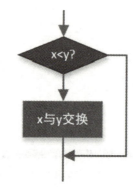

图 4-60   在形状间绘制连接线

(7) 在绘图页中添加文字内容。在 Visio 绘图页中的任意位置可以添加文字内容，其方法是在"开始"菜单栏的工具组中单击"文本"按钮，如图 4-61 所示。然后在绘图页中需要添加文字内容的位置单击，即可出现文本编辑框，如图 4-62 所示。此处为流程图添加条件判断结果的文字内容"是"与"否"，添加结束后，再次单击工具组中的"指针工具"按钮退出文本的编辑状态。

图 4-61   单击"文本"按钮

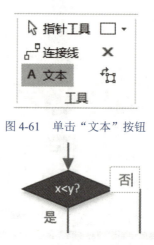

图 4-62   在绘图页中添加文本内容

添加完全部所需的连接线与文字内容后，最终绘制出的流程图如图 4-63 所示。

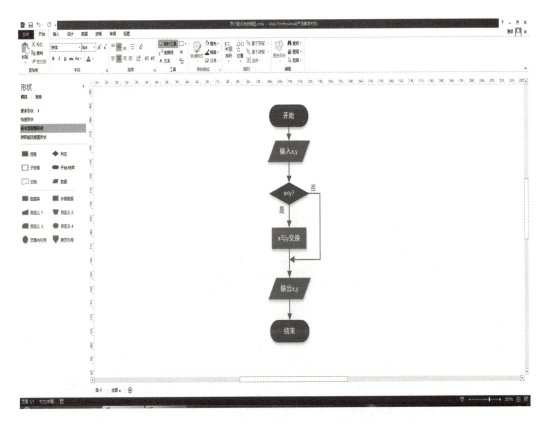

图 4-63　最终绘制完成后的流程图

四、思考与扩展练习

1. 通过 Raptor 工具软件编写算法，根据输入的值 x，实现输出函数 f(x) 的计算结果。

其中

$$f(x) = \begin{cases} x^2 + x - 6 & x<0, x \neq -3 \\ x^2 - 5x + 6 & 0 \leq x < 10, x \neq 2, x \neq 3 \\ x^2 - x - 1 & \text{其它} \end{cases}$$

2. 通过 Raptor 工具软件编写算法，根据 2024 年 1 月 1 日是星期一，实现输入你的生日后，输出你今年的生日是星期几。

3. 通过 Raptor 工具软件编写插入排序算法，插入排序算法的原理是通过构建有序序列，对于未排序数据，在已排序序列中从后向前扫描，找到相应位置并插入。

插入排序算法的实现逻辑为：

① 从第一个元素开始，该元素默认为已经被排序。

② 取出下一个元素，在已经排序的元素序列中从后向前扫描。

③ 如果该元素（已排序的元素）大于新元素，则将该元素移到下一位置。

④ 重复步骤③，直到找到已排序的元素小于或者等于新元素的位置。

⑤ 将新元素插入到该位置后

⑥ 重复步骤②～⑤，直到所有元素都被排序。

4. 利用 Visio 绘制循环结构算法流程图。

第二篇
人工智能应用篇

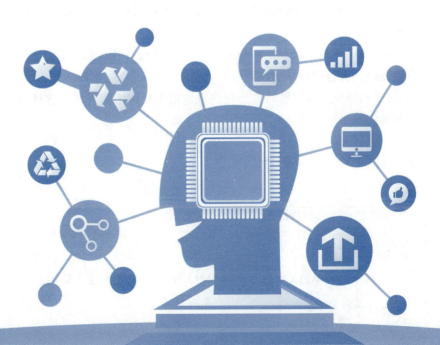

实验 5　机器学习算法应用与实现

一、实验目的

(1) 掌握机器学习算法在不同数据集上的应用与实现。

(2) 熟悉 Weka 平台的操作与功能。

(3) 掌握数据预处理、特征选择、模型训练与评估等步骤。

二、实验任务与要求

(1) 下载并安装 Weka 平台，熟悉其操作界面与主要功能。

(2) 了解 Weka 中数据文件的格式和组织方式，掌握数据文件格式的转换及自定义数据集的制作。

(3) 使用 K 近邻 (KNN) 算法和随机森林对鸢尾花数据集进行分类，分析分类结果并评估模型。

(4) 利用逻辑回归算法对糖尿病患者数据进行特征选择、数据预处理、模型训练与异常值处理，并预测糖尿病风险。

(5) 利用决策树算法对波士顿房价数据进行训练和评估，包括数据预处理、特征工程、模型训练和性能评估。

三、实验内容与实验步骤

实验 5-1　熟悉软件环境

1. 实验内容

下载并安装 Weka 平台，了解 Weka 平台操作界面与主要功能。

2. 实验步骤

(1) 了解 Weka 软件。

Weka(Waikato Environment for Knowledge Analysis) 是一个由新西兰怀卡托大学开发的

开源数据挖掘软件平台，提供了一套丰富的机器学习算法和工具，支持数据预处理、分类、回归、聚类、关联规则挖掘和可视化。Weka 基于 Java 语言编写，并提供图形用户界面 (GUI)、命令行界面 (CLI) 以及 Java API 供用户选择使用。Weka 被应用于诸多领域，特别是在教育和研究中。Weka 的优势包括：

① 由 GNU 通用公共许可证提供免费使用权限。

② 具有可移植性。完全使用 Java 语言编写，因此几乎可以在任何类型的系统平台上运行。

③ 提供了一套完整全面的数据预处理和机器学习技术集合。

④ 提供统一的图形用户界面，易于使用。

2005 年 8 月，在第 11 届 ACM SIGKDD 国际会议上，怀卡托大学的 Weka 小组荣获了数据挖掘和知识探索领域的最高服务奖。由此 Weka 系统得到了广泛的认可，被誉为数据挖掘和机器学习历史上的里程碑，是现今最完备的数据挖掘工具之一。

(2) 下载安装 Weka 软件。

访问 Weka 官方下载链接 https://waikato.github.io/weka-wiki/downloading_weka/#windows_1，如图 5-1 所示，根据介绍内容下载合适的安装包并进行安装。Weka 安装包主要分为两个版本：Weka 3.8 是最新稳定版，Weka 3.9 是开发版。以 Windows 系统为例，下载 Weka 3.8 稳定版，其他系统选择对应系统版本。

图 5-1　Weka 下载链接页面

下载好安装包后进行安装，双击运行安装包程序，如图 5-2 所示，依次点击 "Next"、"I Agree"、"Next" 按钮，在如图 5-3 所示窗口中，选择指定安装路径或默认安装路径，然后依次点击"Next"、"Install"、"Next"，最后点击"Finish"完成安装。

图 5-2 Weka 安装界面

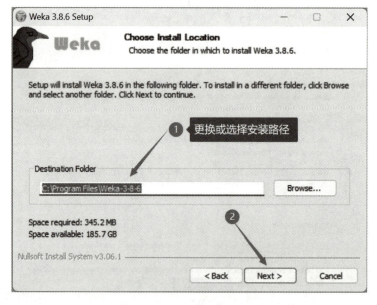

图 5-3 Weka 安装路径选择

需要注意的是，Weka 安装过程默认系统已经安装并配置了 Java 环境，否则应按照提示信息先完成 Java 环境的安装。

(3) 熟悉 Weka 软件操作界面及组成。

打开 Weka 安装目录，如图 5-4 所示，双击"Weka 3.8.6"运行，也可将此快捷方式添加到桌面上方便以后使用。进入软件后的主界面 Weka GUI Chooser 如图 5-5 所示，在右侧提供了 5 种应用模型供用户选择使用。

› Data (D:) › Software › Weka-3-8-6

名称	修改日期	类型	大小
changelogs	2024/7/9 16:59	文件夹	
data	2024/7/9 16:59	文件夹	
doc	2024/7/9 16:59	文件夹	
jre	2024/7/9 16:59	文件夹	
COPYING	2022/1/25 11:06	文件	35 KB
documentation.css	2022/1/25 11:06	CSS 源文件	1 KB
documentation.html	2022/1/25 11:06	Microsoft Edge HT...	2 KB
README	2022/1/25 11:06	文件	16 KB
remoteExperimentServer.jar	2022/1/25 11:06	Executable Jar File	41 KB
RunWeka.bat	2022/1/25 11:07	Windows 批处理文件	2 KB
RunWeka.class	2022/1/25 11:07	CLASS 文件	6 KB
RunWeka.ini	2022/1/25 11:07	配置设置	15 KB
uninstall.exe	2024/7/9 16:59	应用程序	58 KB
Weka 3.8.6 (with console)	2024/7/9 16:59	快捷方式	2 KB
Weka 3.8.6	2024/7/9 16:59	快捷方式	2 KB
weka.gif	2022/1/25 11:06	GIF 文件	30 KB
weka.ico	2022/1/25 11:06	ICO 文件	351 KB
weka.jar	2022/1/25 11:06	Executable Jar File	13,832 KB
wekaexamples.zip	2022/1/25 11:06	ZIP 文件	14,489 KB
WekaManual.pdf	2022/1/25 11:06	Microsoft Edge PD...	6,448 KB
weka-src.jar	2022/1/25 11:06	Executable Jar File	14,472 KB

图 5-4　Weka 安装目录

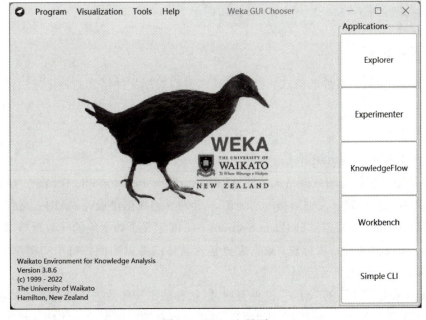

图 5-5　Weka 主界面

① Explorer。Explorer 是 Weka 最常用的模块之一，提供了一个直观的图形用户界面，主要用来进行数据挖掘和机器学习的探索。Explorer 提供了数据预处理 (Preprocess)、分类 (Classify)、聚类 (Cluster)、关联 (Associate)、属性选择 (Select attributes)、可视化 (Visualize)6 个选项卡及其功能。

② Experimenter。Experimenter 模块允许用户设计、运行和分析实验，特别是用于比较不同机器学习算法的性能。用户可以导入一组数据，使用多种机器学习算法进行实验，并对结果进行对比和评价。

③ KnowledgeFlow。KnowledgeFlow 模块提供了一种图形化的数据流设计界面，适用于构建和管理复杂的数据挖掘流程。用户可以通过拖放组件的方式来构建数据流，每个组件代表一个数据处理步骤，如数据导入、预处理、模型训练等，组件之间通过连接线连接，形成完整的工作流程。在数据流运行过程中，用户可以实时查看每个步骤的输出，方便调试和优化，适合进行复杂的、多步骤的数据处理任务。此外，用户还可以自定义和添加新的组件，扩展 KnowledgeFlow 的功能，并支持保存和共享工作流，便于团队协作和重复使用。

④ Workbench。Workbench 是 Weka 最新的模块，提供了整合的开发环境，让用户可以在一个界面中访问和使用 Explorer、Experimenter 和 KnowledgeFlow 的功能，减少了在不同模块之间切换的时间，同时还支持多种视图和布局，以适应不同的工作流程和用户习惯。

⑤ Simple CLI。Simple CLI 模块提供了一个命令行接口，具有更高的灵活性和自动化，用户可以直接输入命令来执行各种 Weka 功能，如加载数据、训练模型、评估结果等，适合具有编程经验的用户使用。

实验 5-2　熟悉数据格式和数据集制作

1. 实验内容

了解 Weka 中数据文件的格式和组织方式，掌握数据文件格式的转化方法以及自定义数据集的制作。

2. 实验步骤

(1) 了解数据格式与组织方式。

Weka 使用一种特定的数据格式，即 ARFF(Attribute-Relation File Format)。ARFF 是一种 ASCII 文本文件格式，文件后缀为“.arff”，专为描述数据集设计。ARFF 文件由两部分组成：头部 (Header) 和数据部分 (Data Section)。头部定义了数据集的元数据与属性，包括关系声明、属性声明及结束标志；数据部分包含具体的数据实例，每个实例对应于一行，每一行的属性值之间用逗号分隔。

在 Weka 安装目录下的“data”文件夹内，默认存放了一些数据集供初学者学习和分析。这里以鸢尾花数据集“iris.arff”文件为例。单击鼠标右键以记事本方式打开此文件，分析

ARFF 文件格式与数据组织方式。

鸢尾花数据集包含 150 条记录，每条记录描述一朵鸢尾花的四个特征：花萼长度、花萼宽度、花瓣长度和花瓣宽度。数据集分为三类 (即三种不同的鸢尾花种类：Iris-setosa、Iris-versicolor、Iris-virginica)，每类各 50 条记录，常用于教学和测试机器学习算法，特别是分类和聚类算法，因其数据结构简单且均衡，非常适合入门学习和算法性能评估。图 5-6 展示了该数据集文件的部分内容。

```
53   % 8. Missing Attribute Values: None
54   %
55   % Summary Statistics:
56   %               Min   Max   Mean   SD   Class Correlation
57   %    sepal length: 4.3   7.9   5.84   0.83      0.7826
58   %     sepal width: 2.0   4.4   3.05   0.43     -0.4194
59   %    petal length: 1.0   6.9   3.76   1.76      0.9490   (high!)
60   %     petal width: 0.1   2.5   1.20   0.76      0.9565   (high!)
61   %
62   % 9. Class Distribution: 33.3% for each of 3 classes
63
64   @RELATION iris
65
66   @ATTRIBUTE sepallength   REAL
67   @ATTRIBUTE sepalwidth    REAL
68   @ATTRIBUTE petallength   REAL
69   @ATTRIBUTE petalwidth    REAL
70   @ATTRIBUTE class       {Iris-setosa,Iris-versicolor,Iris-virginica}
71
72   @DATA
73   5.1,3.5,1.4,0.2,Iris-setosa
74   4.9,3.0,1.4,0.2,Iris-setosa
75   4.7,3.2,1.3,0.2,Iris-setosa
76   4.6,3.1,1.5,0.2,Iris-setosa
77   5.0,3.6,1.4,0.2,Iris-setosa
78   5.4,3.9,1.7,0.4,Iris-setosa
79   4.6,3.4,1.4,0.3,Iris-setosa
80   5.0,3.4,1.5,0.2,Iris-setosa
81   4.4,2.9,1.4,0.2,Iris-setosa
```

图 5-6　鸢尾花数据集 (iris.arff) 部分内容

① 注释部分。

在 ARFF 文件开头部分，一般会以注释的形式给出此数据集的描述性信息，如数据集来源、内容及用途等。注释部分是以 "%" 开始的一行语句，注释内容不会被 Weka 解析，仅用于解释或说明数据。语法格式如下：

%< 注释内容 >

在鸢尾花数据集文件中：

"% 8. Missing Attribute Values" 描述了数据集中是否存在缺失值。缺失值是指在某些实例 (每一行数据部分) 中，一个或多个属性没有被赋值，这可能是由于数据收集不完整或其他原因造成的。此处的 "None" 意味着数据集中的所有属性值都完整，没有缺失值。

"% 9. Class Distribution 后面的 "33.3% for each of 3 classes"" 描述了数据集中每个类别的分布情况。此处意味着数据集共有三个类别 (或标签)，每个类别的数据实例占整个数据集的 33.3%。

② 关系声明。

关系声明是整个 ARFF 文件的第一个声明，是以"@RELATION"开始的一行语句，用于标记数据集的名称。关系名为字符串类型，名称中含有空格时，必须加引号。语法格式如下：

　　　　@RELATION < 关系名 >

在鸢尾花数据集文件中，"@RELATION iris"声明了该数据集名称为 iris。

③ 属性声明。

属性声明是以"@ATTRIBUTE"开始的一行语句，用于标记数据集中的每个属性。每个属性的定义包括属性名称和属性类型。属性类型包括：

a. 数值型属性 (numeric)：用于连续数据。

b. 枚举型属性 (nominal)：用于离散数据，定义一组可能的取值。

c. 字符串型属性 (string)：用于文本数据。

d. 日期型属性 (date)：用于日期和时间数据，可以指定日期格式。

语法格式如下：

　　　　@ATTRIBUTE < 属性名 >< 属性类型 >

在鸢尾花数据集文件中：

"@ATTRIBUTE sepallength REAL"定义了一个属性，属性名为 sepallength，表示花萼长度，属性类型为 REAL，是一个实数型 (即数值型) 数据。

"@ATTRIBUTE sepalwidth REAL"定义了一个实数型属性 sepalwidth，表示花萼宽度。

"@ATTRIBUTE petallength REAL"定义了一个实数型属性 petallength，表示花瓣长度。

"@ATTRIBUTE petalwidth REAL"定义了一个实数型属性 petalwidth，表示花瓣宽度。

"@ATTRIBUTE class {Iris-setosa,Iris-versicolor,Iris-virginica}"定义了一个枚举型属性 class，表示鸢尾花的种类，属性取值范围是 Iris-setosa、Iris-versicolor 和 Iris-virginica。

④ 头部结束标识。

头部结束标识语法为"@DATA"，标记了头部的结束和数据部分的开始，是一个结构性标识，无特殊意义。从此标识开始，下方的每一行代表一条数据记录 (或一条实例)。

⑤ 数据部分。

数据部分紧跟在"@DATA"标记之后，包含数据集的实际数据。每一行代表一个数据实例，属性值按照属性声明的顺序排列，属性值之间用逗号分隔，如果存在缺失值，则以问号"?"表示。

在鸢尾花数据集文件中，"@DATA"下方定义了共 150 条数据实例。其中："5.1,3.5,1.4,0.2,Iris-setosa"数据实例表示花萼长度为 5.1、花萼宽度为 3.5、花瓣长度为 1.4、花瓣宽度为 0.2、类别为 Iris-setosa，其属性的顺序与含义与"@DATA"上方的定义相对应。其他数据实例均与此数据实例定义相同，不同的仅是数值大小。

(2) 转换数据格式。

Weka 支持多种数据类型的格式，包括 CSV、ARFF、XRFF、C4.5、LIBSVM、JSON 等，

其中 ARFF 是 Weka 的原生文件格式，也是最常用的数据格式之一。Weka 中所有的功能和工具都完全支持 ARFF 格式文件，使用 ARFF 格式文件不仅可以确保兼容性，还能充分利用 Weka 的所有特性。

然而当数据文件格式不是 ARFF 时，可以使用 Weka 的工具和功能进行转换与处理。这里以一个 XLSX 格式的 Excel 文件为例，介绍在 Weka 中将一个 XLSX 格式文件转化为 ARFF 格式文件的过程。

① 双击打开一个 XLSX 格式文件，如图 5-7 所示。

图 5-7　XLSX 格式文件示例

② 单击"文件"选项卡，单击"另存为"，选择保存路径并设置文件名，保存类型选择 CSV 格式，如图 5-8 所示。

③ 打开 Weka 软件，进入"Explorer"模块，选择"Preprocess"选项卡，单击"Open file.."按钮，在弹出的"打开"对话框中，在下方"Files of Type"中选择 CSV 格式，然后选中刚才保存的 CSV 格式文件，再单击"打开"按钮，如图 5-9 所示，即可完成导入。

④ 在"Preprocess"选项卡中单击右上方的"Save…"按钮，弹出"保存"对话框，将"Files of Type"设置为"Arff data files(*,arff)"，然后单击"保存"按钮,如图 5-10 所示，即可完成文件格式转换。

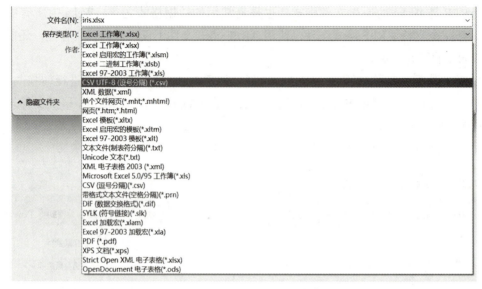

图 5-8　将 XLSX 格式文件另存为 CSV 格式

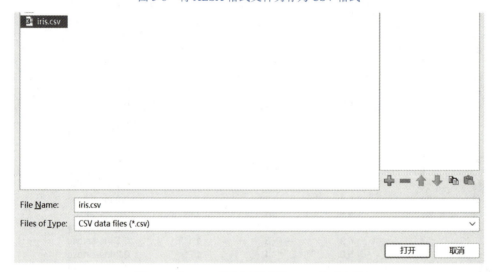

图 5-9　在 Weka 中打开保存的 CSV 格式文件

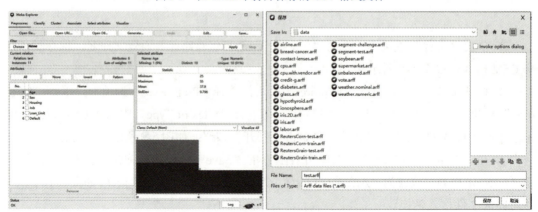

图 5-10　在 Weka 中保存 CSV 为 arff 文件

(3) 制作自定义数据集。

在实际应用中，当收集到的一组数据需要利用 Weka 软件进行分析时，可以直接根据 ARFF 格式文件组织形式将其制作为一个 ARFF 格式文件。假设现收集到表 5-1 中的示例数据集：该数据集包含 10 条记录，描述了不同个体的基本信息及其信用评分情况。该数据集可以用于信用风险评估的研究和模型训练，通过分析和建模，可以预测个体在特定情况下是否会发生信用违约，从而帮助金融机构做出更准确的贷款决策。

数据集中每条记录包括以下属性：

① Age(年龄)：个体的年龄，以数值表示。

② Sex(性别)：个体的性别，有两个可能的值：male(男) 和 female(女)。

③ Housing(住房)：个体的住房情况，有三个可能的值：own(自有)、rent(租赁) 和 mortgage(按揭)。

④ Job(工作)：个体的就业情况，有四个可能的值：unemployed(失业)、employed(在职)、self-employed(自雇) 和 retired(退休)。

⑤ Loan limit(贷款限额)：个体的贷款限额，以数值表示。

⑥ Default(是否违约)：个体是否违约，有两个可能的值：yes(是) 和 no(否)。

表 5-1　自制数据集示例

Age	Sex	Housing	Job	Loan_Limit	Default
25	male	rent	employed	5000	no
40	female	own	self-employed	10000	no
30	male	mortgage	employed	7500	yes
50	female	own	retired	12000	no
35	male	rent	unemployed	3000	yes
28	female	rent	employed	4000	no
45	male	mortgage	self-employed	9000	no
32	female	own	employed	11000	no
55	male	own	retired	8000	no
38	female	rent	unemployed	2000	yes

首先创建一个文本文档并双击打开，按照 ARFF 格式文件组织形式和规则录入该数据集内容，根据数据表名、属性名及类型录入表头部分，根据每行数据录入数据部分。录入完成后保存该文件，并修改该文件的后缀名为 ".arff"，该 ARFF 格式文件可直接在 Weka 中导入并进行数据分析。录入的具体内容如下所示。

@RELATION credit_risk

@ATTRIBUTE Age NUMERIC

@ATTRIBUTE Sex {male, female}

@ATTRIBUTE Housing {own, rent, mortgage}

@ATTRIBUTE Job {unemployed, employed, self-employed, retired}

@ATTRIBUTE Loan_Limit NUMERIC

@ATTRIBUTE Default {yes, no}

@DATA

25, male, rent, employed, 5000, no

40, female, own, self-employed, 10000, no

30, male, mortgage, employed, 7500, yes

50, female, own, retired, 12000, no

35, male, rent, unemployed, 3000, yes

28, female, rent, employed, 4000, no

45, male, mortgage, self-employed, 9000, no

32, female, own, employed, 11000, no

55, male, own, retired, 8000, no

38, female, rent, unemployed, 2000, yes

实验 5-3 鸢尾花分类实验

1. 实验内容

本实验使用 K 近邻 (K-Nearest Neighbors, KNN) 和随机森林算法对鸢尾花数据集进行分类。鸢尾花数据集是一个著名的分类数据集，包含 150 个样本，每个样本有四个特征，即萼片长度、萼片宽度、花瓣长度和花瓣宽度，每个样本均属于三种鸢尾花 (Iris-setosa、Iris-versicolor 或 Iris-virginica) 中的一种。

2. 实验步骤

(1) 加载数据集。

打开 Weka 软件，按照下面的步骤在 Weka 中加载鸢尾花数据集。

① 启动 Weka，选择"Explorer"选项卡。

② 在"Preprocess"标签中，点击"Open file..."按钮，选择鸢尾花数据集 (iris.arff)。该数据集可在 Weka 安装目录下的 data 文件夹内找到，加载后如图 5-11 所示。

③ 在图 5-11 中可以看到鸢尾花数据集的总体情况及具体属性。

在"Filter"标签下有一个"Choose"按钮，可以根据数据集特征选择不同的过滤器对数据集进行预处理，此处不做选择。

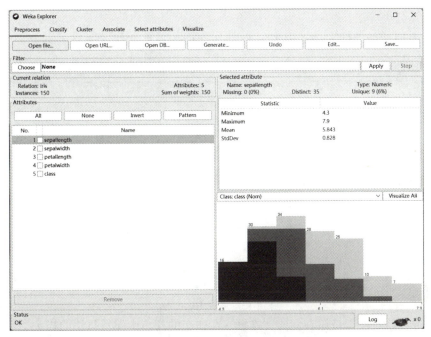

图 5-11　在 Weka 中加载鸢尾花数据集

在"Current relation"标签下描述了数据集的基本信息：Relation 为数据集的名称 (iris)，Instances 为数据集中实例 (样本) 的数量 (150)，Attributes 为数据集的属性数量 (共 5 个，包含 4 个数值型特征和 1 个类别型特征 class)，Sum of weights 为权重总和 (150)。

在"Attributes"标签下显示了数据集的具体属性，点击任意一个属性，在右侧会展示该属性的统计信息及分布直方图。

点击右侧的"Visualize All"按钮，在打开的新窗口中展示了所有属性的分布直方图信息，如图 5-12 所示。可以看到，在"class"属性直方图中，3 种类别的数量均为 50。

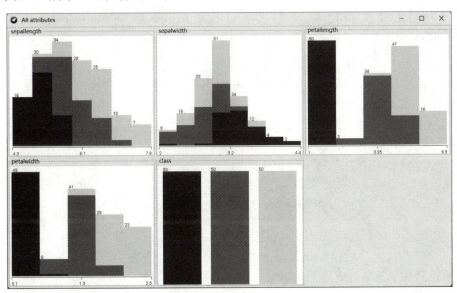

图 5-12　鸢尾花数据集属性分布直方图

(2) 选择分类算法。

① 单击顶部的"Classify"选项卡，单击"Choose"按钮，选择"lazy"文件夹下的 IBk 算法，如图 5-13 所示。IBk(Instance-Based k-nearest neighbor) 算法是 K 近邻算法的实现。

图 5-13　选择 IBk 算法

② 单击"Choose"按钮右侧的文本框，在弹出的窗口中配置算法的相关参数。K 近邻算法的性能主要与标签中 KNN(选择的邻居数量 K 值)、nearestNeighbourSearchAlgorithm (近邻搜索算法) 以及 distanceWeighting(距离加权策略) 的选择相关。

对于 K 值来说，K 值设置过小会使模型变得复杂，容易发生过拟合，而设置过大会使模型变得过于简单，无法进行有效的分类。因此在实际应用中，一般会采用交叉验证来选取最优的 K 值。此处将标签 KNN 的值修改为 50(估计的最大值)，并将"crossValidate"修改为"True"。

对于近邻搜索算法和距离度量，点击"nearestNeighbourSearchAlgorithm"标签旁的"Choose"按钮，选择默认的"LinearNNSearch"，点击"Choose"按钮旁边的文本框，在弹出的新窗口中再次点击"Choose"按钮，这里提供了 EuclideanDistance(欧氏距离)、ManhattanDistance(曼哈顿距离) 等，此处选择"EuclideanDistance"，如图 5-14 所示。

图 5-14　选择 EuclideanDistance(欧氏距离)

对于距离加权策略，此处不做修改，默认不做加权处理。

修改完成后如图 5-15 所示，点击"OK"按钮保存如上配置。

图 5-15　K 近邻算法参数最终配置

(3) 运行分类器并查看结果。

① 在"Test options"中选择"Cross-validation"，Folds 设置为 10，即采用 10 倍交叉验证 (10-fold cross-validation) 进行模型实验和评估。这意味着将数据集分成 10 个子集 (folds)，每次使用其中的一个子集作为测试集，剩余的 9 个子集作为训练集，进行 10 次训练和测试。最后，将这 10 次测试的结果取平均，作为模型的最终评估结果。

② 单击"Start"按钮，观察右边"Classifier output"分类结果。"using 6 nearest neighbour(s) for classification"意味着通过交叉验证选取的 K 值为 6，"Correctly Classified Instances" (正确分类数量) 有 142 个，占总样本数的 94.6667%(142/150)，如图 5-16 所示。

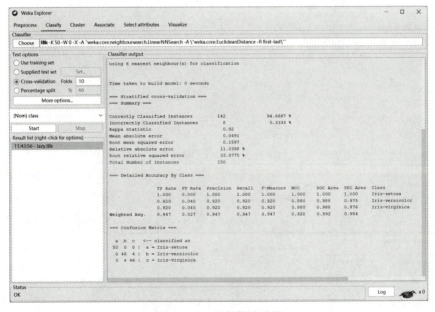

图 5-16　K 近邻算法结果

③ 将分类结果可视化。右击图 5-16 "Result list" 下方的结果，在弹出的菜单中选择"Visualize classifier errors"（可视化分类错误），如图 5-17 所示，可视化分类错误结果如图 5-18 所示。

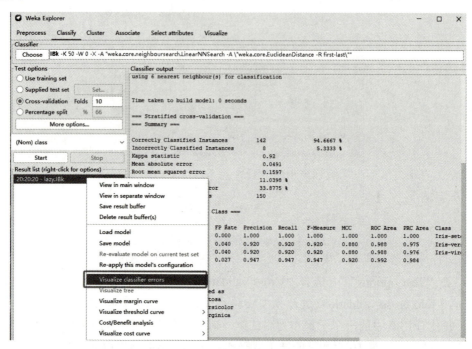

图 5-17 "Visualize classifier errors"（可视化分类错误）

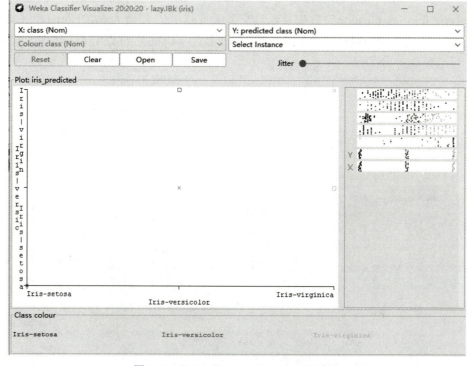

图 5-18 "Visualize classifier errors" 结果

④ 在图 5-18 中单击"Save"按钮，将分类结果保存为"knn-classify-iris.arff"文件，关闭"Explorer"模块。

⑤ 选择 Weka 主菜单"Tools"中的"ArffViewer"子菜单，如图 5-19 所示。在打开的 ArffViewer 界面中选择"File"下的子菜单"Open"，找到"knn-classify-iris.arff"文件并打开，即可查看每个样本的算法分类结果，如图 5-20 所示。

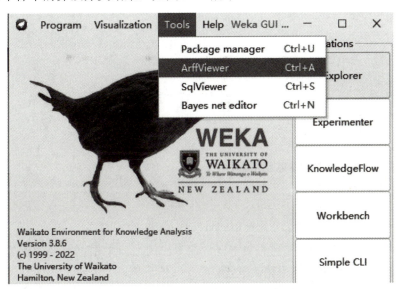

图 5-19　"ArffViewer"子菜单

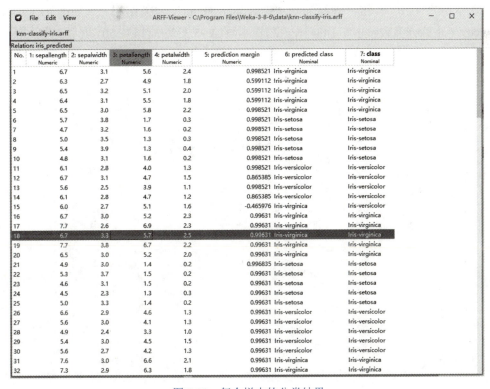

图 5-20　每个样本的分类结果

(4) 利用随机森林算法进行分类。

① 单击顶部的"Classify"选项卡，单击"Choose"按钮，选择"trees"文件夹下的"RandomForest"，如图 5-21 所示。

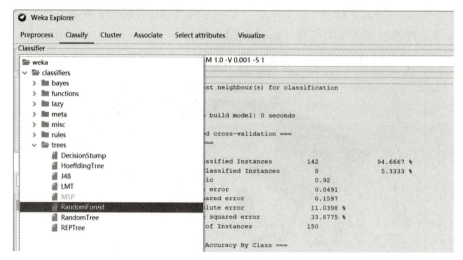

图 5-21　选择 RandomForest(随机森林) 算法

② 单击"Choose"按钮右侧的文本框，在弹出的窗口中根据需要配置随机森林算法相关参数，此处不做修改，使用默认配置。

③ 在"Test Options"中选择"Cross-validation"，Folds 设置为 10。

④ 单击"Start"按钮，观察右边"Classifier output"分类结果。"Correctly Classified Instances"(正确分类数量) 有 143 个，占总样本数的 95.3333%(143/150)，具体结果如图 5-22 所示。

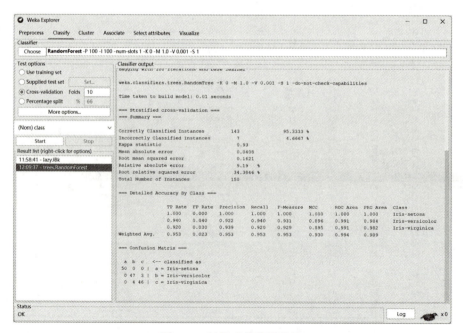

图 5-22　随机森林算法结果

⑤ 观察可视化分类结果。右击图 5-22 "Result list" 下方的 RandomForest 结果，在弹出的菜单中选择 "Visualize classifier errors"（可视化分类错误），可视化分类错误结果如图 5-23 所示。

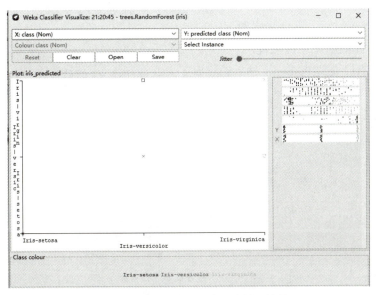

图 5-23 随机森林可视化分类错误结果

⑥ 在图 5-23 中单击 "Save" 按钮，将分类结果保存为 "RandomForest-classify-iris.arff" 文件，关闭 "Explorer" 模块。

⑦ 选择 Weka 主菜单 "Tools" 中的 "ArffViewer" 子菜单，在打开的 ArffViewer 界面中选择 "File" 下的子菜单 "Open"，找到 "RandomForest-classify-iris.arff" 文件打开，即可查看每个样本的算法分类结果，如图 5-24 所示。

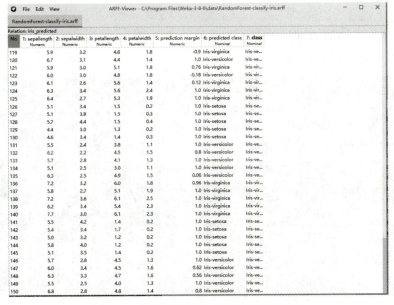

图 5-24 随机森林算法每个样本分类结果

四、思考与扩展练习

1. 完成练习：Jupyter notebook 环境配置

本实验旨在指导学生熟悉基于 Web 的交互式计算环境 Jupyter Notebook，体验基于深度学习的数据处理过程，具体步骤如下。

(1) Jupyter notebook 环境配置。

① 确保电脑已安装 Python，然后通过以下方式打开命令提示符：按下 Win + R 键，在弹出的"运行"窗口中 (或搜索"运行") 输入"cmd"，按下回车键打开"命令提示符"窗口，如图 5-25 所示。

图 5-25 "命令提示符"窗口

② 安装 Jupyter Notebook。在命令提示符中输入"pip install jupyter notebook"命令，使用 pip 安装 Jupyter Notebook，如图 5-26 所示。

```
Microsoft Windows [版本 10.0.22000.1696]
(c) Microsoft Corporation. 保留所有权利。

C:\Users\wtyyy>pip install jupyter notebook
```

图 5-26 使用 pip 安装 Jupyter Notebook

③ 启动 Jupyter Notebook。在命令提示符中输入"jupyter notebook"命令，即可启动 Jupyter Notebook，如图 5-27 所示。

```
Read the migration plan to Notebook 7 to learn about the new features and the actions to take if you are using extensions.
https://jupyter-notebook.readthedocs.io/en/latest/migrate_to_notebook7.html
Please note that updating to Notebook 7 might break some of your extensions.
[W 10:46:00.362 NotebookApp] Loading JupyterLab as a classic notebook (v6) extension.
[I 2025-02-24 10:46:00.371 LabApp] JupyterLab extension loaded from D:\software\web_sw\Anaconda\Lib\site-packages\jupyterlab
[I 2025-02-24 10:46:00.371 LabApp] JupyterLab application directory is D:\software\web_sw\Anaconda\share\jupyter\lab
[I 10:46:04.010 NotebookApp] Serving notebooks from local directory: E:\practice
[I 10:46:04.011 NotebookApp] Jupyter Notebook 6.5.4 is running at:
[I 10:46:04.011 NotebookApp] http://localhost:8888/?token=81aaf68745cd5eeb298dda41db0559fddfc19210cbe5770f
[I 10:46:04.011 NotebookApp]  or http://127.0.0.1:8888/?token=81aaf68745cd5eeb298dda41db0559fddfc19210cbe5770f
[I 10:46:04.011 NotebookApp] Use Control-C to stop this server and shut down all kernels (twice to skip confirmation).
[C 10:46:04.184 NotebookApp]

   To access the notebook, open this file in a browser:
      file:///C:/Users/%E5%BC%A0%E6%80%BB/AppData/Roaming/jupyter/runtime/nbserver-9656-open.html
   Or copy and paste one of these URLs:
      http://localhost:8888/?token=81aaf68745cd5eeb298dda41db0559fddfc19210cbe5770f
    or http://127.0.0.1:8888/?token=81aaf68745cd5eeb298dda41db0559fddfc19210cbe5770f
[I 10:48:11.642 NotebookApp] 302 GET /tree (::1) 0.990000ms
[I 10:48:53.606 NotebookApp] 302 GET /?token=81aaf68745cd5eeb298dda41db0559fddfc19210cbe5770f (127.0.0.1) 1.000000ms
0.00s - Debugger warning: It seems that frozen modules are being used, which may
0.00s - make the debugger miss breakpoints. Please pass -Xfrozen_modules=off
0.00s - to python to disable frozen modules.
0.00s - Note: Debugging will proceed. Set PYDEVD_DISABLE_FILE_VALIDATION=1 to disable this validation.
```

图 5-27 启动 Jupyter Notebook

④ 接下来 Jupyter Notebook 会在默认的浏览器中打开，如果没有自动打开，可以在浏览器中输入图 5-27 矩形框内的任意网址并打开，出现图 5-28 说明成功。

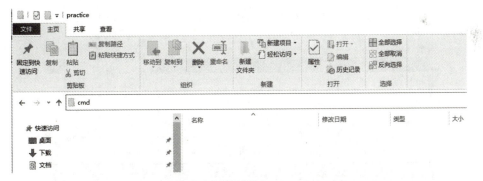

图 5-28　在浏览器中打开 Jupyter Notebook

(2) Jupyter Notebook 示例应用——输出"祖国利益高于一切"。

① 首先创建一个程序文件夹，这里在 C 盘根目录下创建完成一个名称为"practice"的文件夹。在地址栏输入"cmd"，如图 5-29 所示，将在当前目录下打开"命令提示符"窗口。

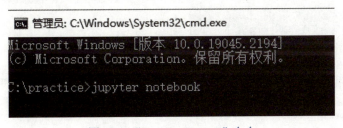

图 5-29　地址栏输入"cmd"

② 在命令提示符中输入"jupyter notebook"命令，如图 5-30 所示。按 Enter 键进入 Jupyter Notebook，默认会跳转到浏览器中打开。打开后界面如图 5-31 所示，默认为创建的 practice 文件夹程序目录。

图 5-30　"jupyter notebook"命令

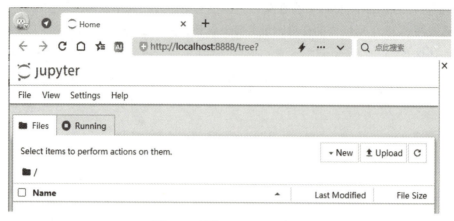

图 5-31　进入 jupyter notebook

③ 点击"New"，选择需要的内核，这里选择"Python"，如图 5-32 所示。打开一个新的网页，即可编辑需要的代码。

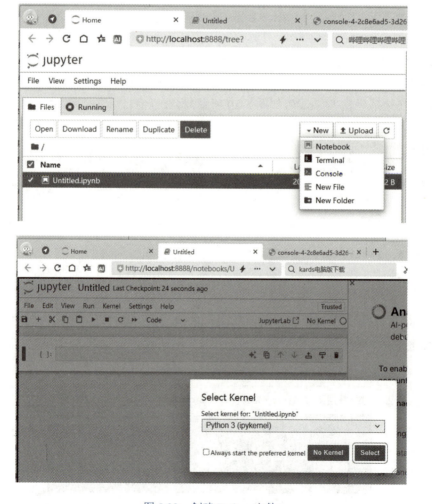

图 5-32　创建 Python 文件

④ 出现如图 5-33 所示界面说明创建成功，输入内容"print("祖国利益高于一切")"，点击 Alt+Enter 键运行，便实现了编程形式的文字内容输出。

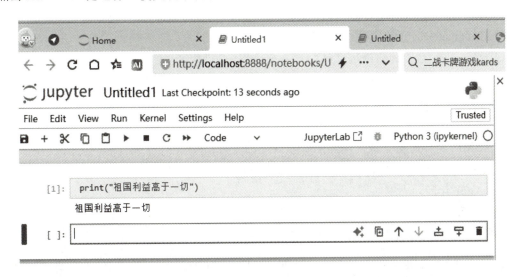

图 5-33　输出内容

2. 完成练习：基于逻辑回归算法的糖尿病预测

本实验旨在指导学生利用逻辑回归算法对一组包含若干特征的糖尿病患者数据进行分析，通过特征选择、数据预处理、模型训练与异常值处理等步骤，最终完成预测糖尿病风险的分析，具体步骤如下。

（1）下载数据集。

从网站 (https://aistudio.baidu.com/datasetdetail/33810) 下载糖尿病预测数据集，如图 5-34 所示。

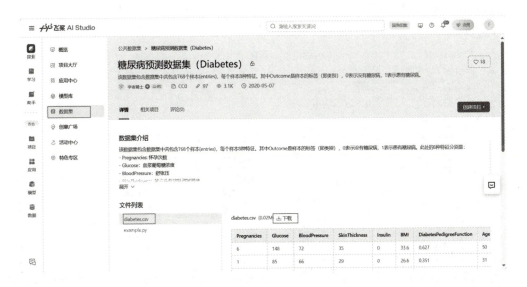

图 5-34　糖尿病数据集

(2) 数据集介绍。

该数据集中共包含 768 个样本 (entries)，每个样本 8 种特征。其中 Outcome 是样本的标签 (即类别)，0 表示没有糖尿病，1 表示患有糖尿病。此处的 8 种特征分别是：

① Pregnancies: 怀孕次数；

② Glucose：血浆葡萄糖浓度；

③ BloodPressure：舒张压；

④ SkinThickness：肱三头肌皮肤褶皱厚度；

⑤ Insulin：两小时胰岛素含量；

⑥ BMI：身体质量指数，即体重除以身高的平方；

⑦ DiabetesPedigreeFunction：糖尿病血统指数，即家族遗传指数；

⑧ Age：年龄。

(3) 读取数据。

通过以下代码可读取的数据集共有 768 行 9 列数据，如图 5-35 所示。

```
In [11]: # 读取数据
         diabetes_data = pd.read_csv('diabetes.csv')
         print(diabetes_data.head())

            Pregnancies  Glucose  BloodPressure  SkinThickness  Insulin  BMI  \
         0            6      148             72             35        0  33.6
         1            1       85             66             29        0  26.6
         2            8      183             64              0        0  23.3
         3            1       89             66             23       94  28.1
         4            0      137             40             35      168  43.1

            DiabetesPedigreeFunction  Age  Outcome
         0                     0.627   50        1
         1                     0.351   31        0
         2                     0.672   32        1
         3                     0.167   21        0
         4                     2.288   33        1
```

图 5-35　读取数据集结果图

(4) 查看数据信息。

通过以下代码可查看数据信息。每一条数据都是 768 行，在输出结果中没有缺失值，如图 5-36 所示。

```
In [6]: # 数据信息
        print(diabetes_data.info(verbose=True))

        <class 'pandas.core.frame.DataFrame'>
        RangeIndex: 768 entries, 0 to 767
        Data columns (total 9 columns):
         #   Column                    Non-Null Count  Dtype
        ---  ------                    --------------  -----
         0   Pregnancies               768 non-null    int64
         1   Glucose                   768 non-null    int64
         2   BloodPressure             768 non-null    int64
         3   SkinThickness             768 non-null    int64
         4   Insulin                   768 non-null    int64
         5   BMI                       768 non-null    float64
         6   DiabetesPedigreeFunction  768 non-null    float64
         7   Age                       768 non-null    int64
         8   Outcome                   768 non-null    int64
        dtypes: float64(2), int64(7)
        memory usage: 54.1 KB
        None
```

图 5-36　数据结果图

(5) 查看标签分布。

通过以下代码可查看标签分布。由输出结果可以看出，属于 0 这一类的有 500 个数据，属于 1 这一类的有 268 个数据，结果如图 5-37 所示。

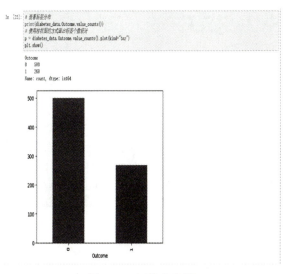

图 5-37　标签分布图

(6) 可视化数据分布。

通过以下代码可对数据分布进行可视化。结果如图 5-38 所示。由图可以看出，主要是两种类型的数据分布图，即直方图和散点图 (部分)。

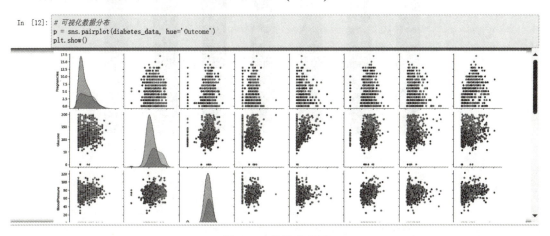

图 5-38　数据分布图

① 当进行单一特征对比时用的是直方图；当进行不同特征对比时用的是散点图，显示两个特征之间的关系。

② 观察数据分布可以发现一些异常值，比如 Glucose(葡萄糖)，BloodPressure(血压)，SkinThickness(皮肤厚度)，Insulin(胰岛素)，BMI(身体质量指数) 这些特征应该不可能出现 0 值。

(7) 异常值处理。

通过以下代码可对异常值进行处理，如图 5-39、图 5-40、图 5-41 所示。

① 一般对于空值较多的数据可直接删除，如图 5-39 中第四、五列的数据。

② 对于有一些缺失值的数据，可以通过中位数或平均值进行插补，如图 5-40、图 5-41 所示。

In [14]:
```
# 把葡萄糖、血压、皮肤厚度、胰岛素、身体质量指数中的0替换为nan
colume = ['Glucose', 'BloodPressure', 'SkinThickness', 'Insulin', 'BMI']
diabetes_data[colume] = diabetes_data[colume].replace(0, np.nan)
#missingno可视化空值
p = msno.bar(diabetes_data)
plt.show()
```

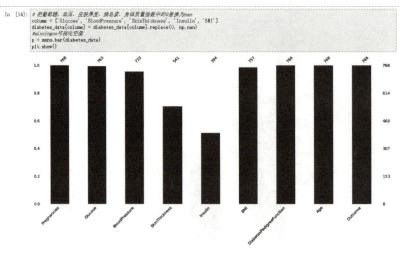

图 5-39 可视化空值图

In [15]:
```
# 设定阈值
thresh_count = diabetes_data.shape[0] * 0.8
# 若某一列数据缺失的数量超过20%就会被删除
diabetes_data = diabetes_data.dropna(thresh=thresh_count, axis=1)

p = msno.bar(diabetes_data)
plt.show()
```

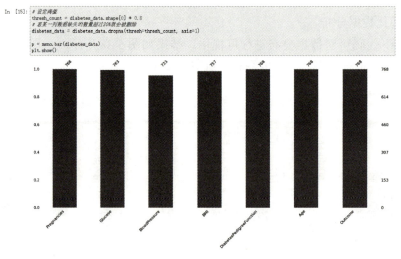

图 5-40 异常值处理图

In [18]:
```
# 导入插补器
from sklearn.impute import SimpleImputer
# 以缺省值变量的缺失值，我们采用均值插补的方法来填充缺失值
imr = SimpleImputer(missing_values=np.nan, strategy='mean', fill_value=None)
colume = ['Glucose', 'BloodPressure', 'BMI']
```

In [19]:
```
# 进行插补
diabetes_data[colume] = imr.fit_transform(diabetes_data[colume])
p = msno.bar(diabetes_data)
plt.show()
plt.figure(figsize=(12, 10))
```

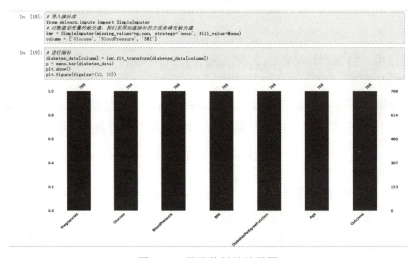

图 5-41 异常值插补结果图

(8) 查看数据的相关性。

通过以下代码可查看数据的相关性。如图 5-42 所示为对称矩阵，只需观察上对角或下对角的值，就可知道数据的相关性：值越大，相关性越强。

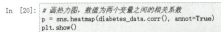

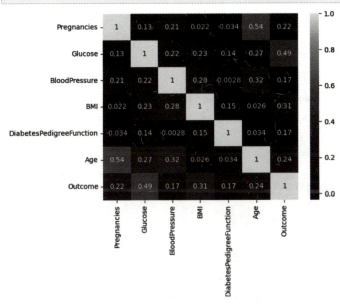

图 5-42　相关系数热力图

(9) 糖尿病风险预测完整代码如下。

```
1.  import numpy as np
2.  import pandas as pd
3.  import matplotlib.pyplot as plt
4.  import seaborn as sns
5.  from sklearn.model_selection import train_test_split
6.  from sklearn.linear_model import LogisticRegression
7.  from sklearn.metrics import classification_report
8.
9.  # 读取数据
10. diabetes_data = pd.read_csv('diabetes.csv')
11. print(diabetes_data.head())
12.
13. # 数据信息
14. print(diabetes_data.info(verbose=True))
15.
16. # 数据描述
```

```
17. print(diabetes_data.describe())
18.
19. # 数据形状
20. print(diabetes_data.shape)
21.
22. # 查看标签分布
23. print(diabetes_data.Outcome.value_counts())
24. # 使用柱状图的方式画出标签个数统计
25. p = diabetes_data.Outcome.value_counts().plot(kind="bar")
26. plt.show()
27.
28. # 可视化数据分布
29. p = sns.pairplot(diabetes_data, hue='Outcome')
30. plt.show()
31.
32. # 把葡萄糖，血压，皮肤厚度，胰岛素，身体质量指数中的 0 替换为 nan
33. colume = ['Glucose', 'BloodPressure', 'SkinThickness', 'Insulin', 'BMI']
34. diabetes_data[colume] = diabetes_data[colume].replace(0, np.nan)
35.
36. #missingno 可视化空值
37. import missingno as msno
38. p = msno.bar(diabetes_data)
39. plt.show()
40.
41. # 设定阀值
42. thresh_count = diabetes_data.shape[0] * 0.8
43. #若某一列数据缺失的数量超过 20% 就会被删除
44. diabetes_data = diabetes_data.dropna(thresh=thresh_count, axis=1)
45. p = msno.bar(diabetes_data)
46. plt.show()
47.
48. # 导入插补库
49. from sklearn.impute import SimpleImputer
50.
51. #对数值型变量的缺失值，我们采用均值插补的方法来填充缺失值
52. # 创建 SimpleImputer 对象
```

53. imr = SimpleImputer(missing_values=np.nan, strategy='mean', fill_value=None)

54. colume = ['Glucose', 'BloodPressure', 'BMI']

55.

56. #*进行插补*

57. diabetes_data[colume] = imr.fit_transform(diabetes_data[colume])

58. p = msno.bar(diabetes_data)

59. plt.show()

60. plt.figure(figsize=(12, 10))

61.

62. #*画热力图，数值为两个变量之间的相关系数*

63. p = sns.heatmap(diabetes_data.corr(), annot=True)

64. plt.show()

65.

66. #*把数据切分为特征 x 和标签 y*

67. x = diabetes_data.drop("Outcome", axis=1)

68. y = diabetes_data.Outcome

69.

70. #*切分数据集，stratify=y 表示切分后训练集和测试集中的数据类型的比例跟切分前 y 中的比例一致*

71. #*比如切分前 y 中 0 和 1 的比例为 1:2，切分后 y_train 和 y_test 中 0 和 1 的比例也都是 1:2*

72. x_train, x_test, y_train, y_test = train_test_split(x, y, test_size=0.3, stratify=y)

73. LR = LogisticRegression()

74. LR.fit(x_train, y_train)

75. predictions = LR.predict(x_test)

76. print(classification_report(y_test, predictions))

3. 完成练习：基于决策树算法的波士顿房价预测

本实验旨在指导学生利用决策树算法对波士顿房价数据进行训练和评估。首先，通过数据预处理和特征工程准备数据集，然后将数据集分为训练集和测试集。接着，利用训练集训练决策树模型，并在测试集上评估模型的性能，具体步骤如下。

(1) 数据集获取。

方式一：使用 sklearn 库中的 datasets 导入数据集 datasets.load_boston()，本书简称为 Boston 数据集。

方式二：从网站 (http://lib.stat.cmu.edu/datasets/boston) 中下载数据集。

方式三：从网站 (https://aistudio.baidu.com/datasetdetail/106314) 中下载数据集，如图 5-43 所示。

图 5-43　Boston 数据集

(2) 数据集介绍。

Boston 数据集是一个经典的回归分析数据集，包含了美国波士顿地区的房价数据以及相关的属性信息。该数据集共有 506 个样本，13 个属性，其中包括 12 个特征变量和 1 个目标变量 (房价中位数)。

Boston 数据集的 13 个属性信息如下：

① CRIM：城镇人均犯罪率。

② ZN：住宅用地所占比例。

③ INDUS：城镇中非住宅用地所占比例。

④ CHAS：是否靠近查尔斯河 (1 表示靠近，0 表示不靠近)。

⑤ NOX：一氧化氮浓度。

⑥ RM：房屋平均房间数。

⑦ AGE：自住房屋中建于 1940 年前的房屋所占比例。

⑧ DIS：距离 5 个波士顿就业中心的加权距离。

⑨ RAD：距离绿色公园的辐射范围。

⑩ TAX：每 10 000 美元的全额物业税率。

⑪ PTRATIO：城镇中学生与教师的比例。

⑫ B：黑人占比。

⑬ MEDV：房价中位数 (单位：千美元)。

(3) 划分数据集。

数据集按照 1 ∶ 3 的比例分割为测试集和训练集。

```
In [4]:  # 随机抽取25% 的数据作为测试集，其余为训练集
         train_features, test_features, train_price, test_price = train_test_split(features, prices, test_size=0.25)
```

(4) 构建回归树。

```
In [7]:  # 创建CART回归树
         dtr = DecisionTreeRegressor()

         # 拟合构造CART回归树
         dtr.fit(train_features, train_price)

         # 预测测试集中的房价
         predict_price = dtr.predict(test_features)
```

(5) 评价测试集。

```
In [8]:  # 测试集的结果评价
         print('回归树准确率:', dtr.score(test_features, test_price))
         print('回归树r2_score:', r2_score(test_price, predict_price))
         print('回归树二乘偏差均值:', mean_squared_error(test_price, predict_price))
         print('回归树绝对值偏差均值:', mean_absolute_error(test_price, predict_price))
```

回归树准确率: 0.7880041239041331
回归树r2_score: 0.7880041239041331
回归树二乘偏差均值: 17.33488188976378
回归树绝对值偏差均值: 2.986614173228346

(6) 输出模型参数、评价模型 (MSE、RMSE)。

需要从网站 (https://graphviz.org/download) 中下载 graphviz 的安装包，并配置环境变量；以下为生成决策树的代码。

```
In [10]:  from sklearn.tree import export_graphviz
          import graphviz
          # dtr 为决策树对象
          dot_data = export_graphviz(dtr)
          graph = graphviz.Source(dot_data)
          # 生成 Source.gv.pdf 文件，并打开
          graph.view()
```

Out[10]: 'Source.gv.pdf'

运行代码后会生成对应的 pdf 文件，里边存放了所生成的决策树。图 5-44 展示了 pdf 文件中的一部分。

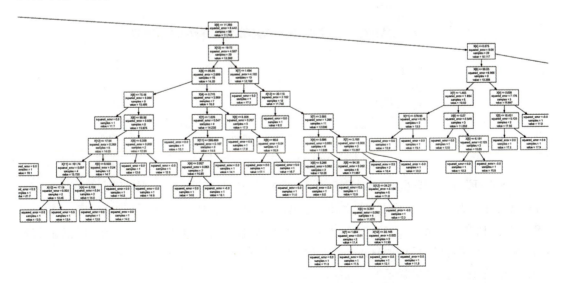

图 5-44　决策树结果图 (部分)

(7) 训练模型。

输入以下代码训练模型。

```
In [11]: import matplotlib.pyplot as plt
         import numpy as np

         # mode 是我们训练出的模型, 即决策树对象
         # data 是原始数据集
         n_features = boston.data.shape[1]
         plt.barh(range(n_features), dtr.feature_importances_, align='center')
         plt.yticks(np.arange(n_features), boston.feature_names)
         plt.xlabel("Feature importance")
         plt.ylabel("Feature")
         plt.savefig('weight.jpg', dpi=500)
         plt.show()
```

① 导入必要的库: matplotlib 和 numpy。

② 使用 boston.data.shape[1] 获取特征的数量。

③ 使用 dtr.feature_importances 获取特征重要性，并使用 barh 绘制水平条形图。

④ 使用 np.arange(n_features) 和 boston.feature_names 设置 y 轴标签，使其与特征名称对齐。

⑤ 设置 x 轴和 y 轴的标签。

⑥ 使用 plt.savefig 保存图表为 "weight.jpg"，分辨率为 500dpi。

代码说明：

最后显示的图表如图 5-45 所示。

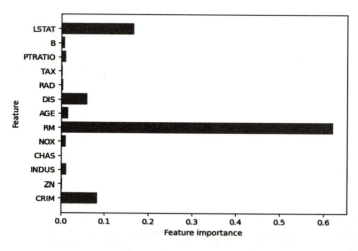

图 5-45　特征图

图 5-45 展示了模型中各特征的重要性，其中横轴表示特征重要性 (Feature importance)，纵轴表示特征名称 (Feature)。从图 5-45 中可以看到，RM(房间数) 和 LSTAT(低社会经济地位人口比例) 是两个最重要的特征。其他特征如 CRIM(犯罪率)、DIS(距离市中心的距离) 和 AGE(建筑年龄) 也具有一定的重要性，但相对较低。

(8) 图形化预测结果显示 (部分展示)。

输入以下代码使预测结果显示图形化。

```
In [16]:  # 载入画图所需要的库 matplotlib
          import matplotlib.pyplot as plt

          # 使输出的图像以更高清的方式显示
          %config InlineBackend.figure_format = 'retina'

          # 调整图像的宽高
          plt.figure(figsize=(16,4))
          for i, key in enumerate(['RM', 'LSTAT']):
              plt.subplot(1, 2, i+1)
              plt.xlabel(key)
              plt.scatter(data[key], data['MEDV'], alpha=0.5)
          plt.savefig('effect1.png',dpi=500)
          #,
          plt.figure(figsize=(16,4))
          for i, key in enumerate(['PTRATIO','DIS']):
              plt.subplot(1, 2, i+1)
              plt.xlabel(key)
              plt.scatter(data[key], data['MEDV'], alpha=0.5)
          plt.savefig('effect2.png',dpi=500)
```

代码说明：

① 导入 matplotlib 库，用于绘图。

② 设置图像的显示格式为 retina，使图像更清晰。

③ 调整图像的宽高。

结论：

代码中创建了两个图像，每个图像包含两个散点图，用于展示不同特征与房价 (MEDV) 之间的关系；每个散点图的横轴表示不同的特征，纵轴表示房价 (MEDV)，如图 5-46 所示。

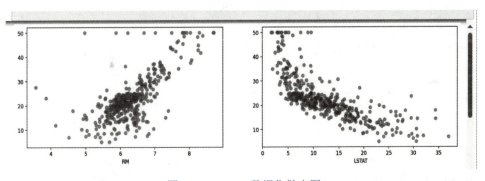

图 5-46　Boston 数据集散点图

(9) 波士顿房价预测的完整代码如下。

1. from sklearn.tree import DecisionTreeRegressor

2. from sklearn.datasets import load_boston

3. from sklearn.model_selection import train_test_split

4. from sklearn.metrics import r2_score, mean_absolute_error, mean_squared_error

5.

6. # 准备数据集

7. boston = load_boston()

8.

9. # 获取特征集和房价

10. features = boston.data

```
11. prices = boston.target
12.
13. #随机抽取 25% 的数据作为测试集，其余为训练集
14. train_features, test_features, train_price, test_price = train_test_split(features, prices, test_size=0.25)
15.
16. # 创建 CART 回归树
17. dtr = DecisionTreeRegressor()
18.
19. #拟合构造 CART 回归树
20. dtr.fit(train_features, train_price)
21.
22. # 预测测试集中的房价
23. predict_price = dtr.predict(test_features)
24.
25. # 测试集的结果评价
26. print(' 回归树准确率 :', dtr.score(test_features, test_price))
27. print(' 回归树 r2_score:', r2_score(test_price, predict_price))
28. print(' 回归树二乘偏差均值 :', mean_squared_error(test_price, predict_price))
29. print(' 回归树绝对值偏差均值 :', mean_absolute_error(test_price, predict_price))
30.
31. from sklearn.tree import export_graphviz
32. import graphviz
33. # dtr 为决策树对象
34. dot_data = export_graphviz(dtr)
35. graph = graphviz.Source(dot_data)
36.
37. #生成 Source.gv.pdf 文件，并打开
38. graph.view()
39. import matplotlib.pyplot as plt
40. import numpy as np
41.
42. # mode 是我们训练出的模型，即决策树对象
43. # data 是原始数据集
44. n_features = boston.data.shape[1]
45. plt.barh(range(n_features), dtr.feature_importances_, align='center')
46. plt.yticks(np.arange(n_features), boston.feature_names)
47. plt.xlabel("Feature importance")
```

48. plt.ylabel("Feature")

49. plt.savefig('weight.jpg',dpi=500)

50. plt.show()

51.

52. *# 保留 RM、LSTAT、PTRATIO 和 DIS 四个参数*

53. *# 载入此项目所需要的库*

54. import numpy as np

55. import pandas as pd

56. from sklearn.model_selection import ShuffleSplit

57. *# 让结果在 notebook 中显示*

58. %matplotlib inline

59.

60. *# 载入波士顿房屋的数据集*

61. data = pd.read_csv('house.csv')

62. prices = data['MEDV']

63. features = data.drop('MEDV', axis = 1)

64.

65. *# 完成*

66. print("Boston housing dataset has {} data points with {} variables each.".format(*data.shape))

67.

68. *# 随机抽取 25% 的数据作为测试集，其余为训练集*

69. train_features, test_features, train_price, test_price = train_test_split(features, prices, test_size=0.25)

70.

71. *# 创建 CART 回归树*

72. dtr = DecisionTreeRegressor()

73.

74. *# 拟合构造 CART 回归树*

75. dtr.fit(train_features, train_price)

76.

77. *# 预测测试集中的房价*

78. predict_price = dtr.predict(test_features)

79.

80. *# 测试集的结果评价*

81. print('score:', dtr.score(test_features, test_price))

82. print('R2:', r2_score(test_price, predict_price))

83. print('MSE:', mean_squared_error(test_price, predict_price))

84. print('MAE:', mean_absolute_error(test_price, predict_price))

```
85.

86. from sklearn.tree import export_graphviz

87. import graphviz

88. # dtr 为决策树对象

89. dot_data = export_graphviz(dtr)

90. graph = graphviz.Source(dot_data)

91. # 生成 Source.gv.pdf 文件，并打开

92. graph.view()

93.

94. # 载入画图所需要的库 matplotlib

95. import matplotlib.pyplot as plt

96.

97. # 使输出的图像以更高清的方式显示

98. %config InlineBackend.figure_format = 'retina'

99.

100. # 调整图像的宽高

101. plt.figure(figsize=(16,4))

102. for i, key in enumerate(['RM', 'LSTAT']):

103.    plt.subplot(1, 2, i+1)

104.    plt.xlabel(key)

105.    plt.scatter(data[key], data['MEDV'], alpha=0.5)

106. plt.savefig('effect1.png',dpi=500)

107. plt.figure(figsize=(16,4))

108. for i, key in enumerate(['PTRATIO','DIS']):

109.    plt.subplot(1, 2, i+1)

110.    plt.xlabel(key)

111.    plt.scatter(data[key], data['MEDV'], alpha=0.5)

112. plt.savefig('effect2.png',dpi=500)
```

实验 6 云服务配置与应用

一、实验目的

(1) 了解云计算基础：帮助学生了解云计算的基本概念，包括云服务的类型、优势以及应用场景。

(2) 掌握云服务平台操作：指导学生学习如何注册和配置云服务账户，初步掌握云服务平台 (以阿里云为例) 的使用方法。

(3) 创建并管理云服务器：通过实际操作，帮助学生掌握创建、配置和管理云服务器 (ECS) 的技能。

(4) 开发与部署基础：学习在云服务器上安装开发环境并运行 C++ 和 Python 代码，体验基于云环境的开发与部署过程。

二、实验任务与要求

(1) 注册云服务账户：在阿里云平台上完成注册和实名认证，熟悉云服务账户的基本设置和管理。

(2) 创建云服务器：学习如何在阿里云上创建一台云服务器 (ECS)，包括选择实例规格、操作系统、存储等配置。

(3) 连接和管理云服务器：掌握使用 SSH 工具 (安全外壳协议：Secure Shell，简称 SSH) 连接到云服务器的方法，并能够进行基本的管理和维护操作。

(4) 安装开发环境：在云服务器上安装必要的开发工具和环境，如 C++ 编译器和 Python 解释器。

(5) 运行基础代码：编写并运行简单的 C++ 和 Python 代码，验证开发环境的正确配置。

三、实验内容与实验步骤

实验 6-1 注册和初步配置云服务账户

1. 实验内容

在阿里云上注册一个云服务账户并进行初步配置。了解阿里云的基本操作界面，学习如何完成账户注册、实名认证以及基本的账户配置。通过该实验，学生将熟悉云服务平台的操作流程，为后续的云服务器创建和管理打下基础。

2. 实验步骤

(1) 访问阿里云官网 (https://www.aliyun.com/)，页面展示如图 6-1 所示。

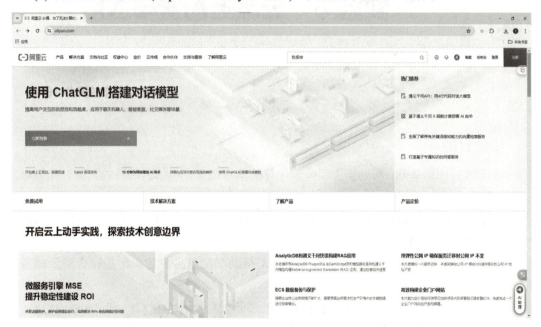

图 6-1　阿里云官网

(2) 注册阿里云账户。

① 在首页右上角找到并点击"免费注册"按钮，如图 6-2 所示。

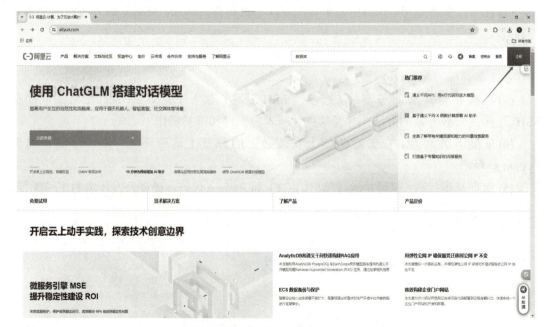

图 6-2　页面展示

② 在注册页面，选择注册方式 (如手机号码或账号密码注册，这里选择手机号注册)。阅读并同意用户协议及隐私政策、产品服务协议，点击"立即注册"按钮，如图 6-3 所示。

图 6-3 注册账号

③ 注册完成后会提示注册成功并显示登录名，以及询问是否立即进行实名认证，也可自行选择登录后实名认证，如图 6-4 所示。

图 6-4 注册成功页面

(3) 登录阿里云账户并完成实名认证。

注册完成后,返回阿里云官网首页。进入阿里云控制台页面,在控制台首页中找到"个人中心"并点击"去认证"按钮,如图 6-5 所示。点击后进入"账户中心"页面,找到"实名认证"选项,点击进入。选择认证类型 (个人认证或企业认证),填写必要的身份信息,如图 6-6 所示。

图 6-5　控制台页面

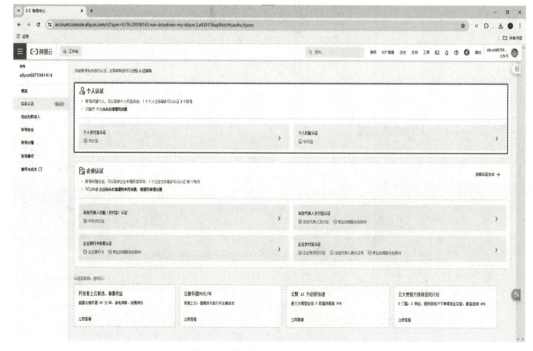

图 6-6　控制台—实名认证页面

(4) 领取个人版试用时长。

① 实名认证完成之后返回首页,点击"权益中心"菜单,进入页面后点击"免费试用"可领取免费试用时长,如图 6-7 所示。

图 6-7　权益中心页面

② 在免费试用界面可以根据自己的意向选择相应的试用项目(这里选择云服务器 ECS),点击"立即试用",在弹出的窗口中选择相应配置并点击"立即试用",如图 6-8 所示。

图 6-8　云服务器 ECS 页面

(5) 领取 ECS 云服务器学生权益。

① 由于个人云服务器免费使用三个月后需要购买，可以通过 https://developer.aliyun. com/plan/student?userCode=r3yteowb 网站选择认证学生身份来领取最多 7 个月的免费时长 (推荐领取学生权益进行使用)。点击文字直达页面，在右上角登录后点击"学生额外专享福利"，如图 6-9 所示。

图 6-9　学生权益页面

② 使用支付宝进行扫码认证后，刷新页面，即可显示"认证完成"，之后返回学生权益页面来领取免费时长，如图 6-10 所示。

图 6-10　认证成功页面

(6) 了解云服务产品。

在控制台首页，浏览各种云服务产品，包括计算、存储、网络、安全等。点击各个产品名称，进入产品详情页面，了解其功能和使用场景，如图 6-11 所示。

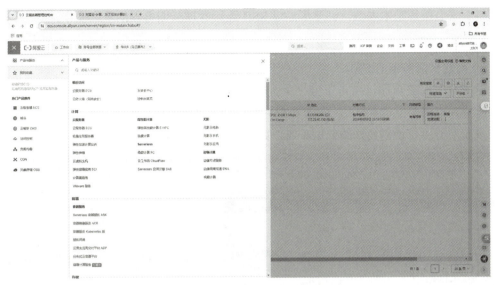

图 6-11　了解云服务产品

(7) 熟悉控制台基本操作。

在控制台首页，熟悉基本操作界面，包括导航栏、搜索框、通知中心等。了解如何切换地域和可用区域，查看不同地域的资源和服务。学习如何使用控制台的帮助中心，查找相关的操作指南和文档，如图 6-12 所示。

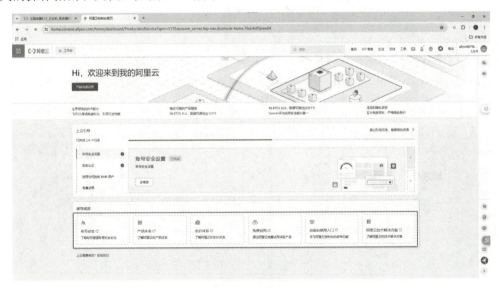

图 6-12　控制台首页

实验 6-2　创建并配置云服务器 (ECS)

1. 实验内容

在阿里云平台上创建和配置一台云服务器 (ECS)。学习如何选择实例规格、操作系统和存储配置，掌握创建云服务器的基本步骤。通过该实验，学生将了解如何配置云服务器的网络、安全组等基本参数，并掌握通过 SSH 连接管理云服务器的基本操作。

2. 实验步骤

(1) 创建云服务器 (ECS)。

返回学生权益页面，点击下方"免费领取"，并在弹出的页面选择"地域"和自己想要的配置，点击"立即购买"，如图 6-13 所示。在云服务器中选择实例，找到自己刚刚创建的地域，即可显示创建好的云服务器，如图 6-14 所示。

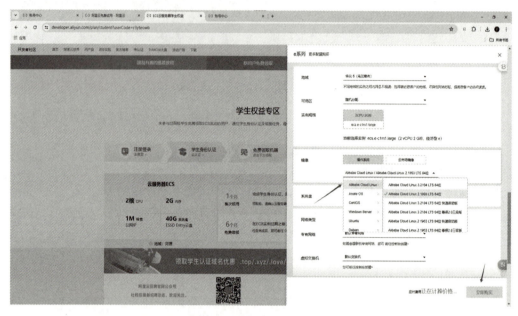

图 6-13　创建 ECS 页面

图 6-14　实例页面

(2) 密码与安全配置。

① 对于新服务器，重置密码这一操作必不可少。在左侧菜单栏点击"实例"，然后在右侧服务器"实例属性"的"重置实例密码"中进行密码的重置，之后重启服务器进行登录 (账号默认为：root)，如图 6-15 所示。

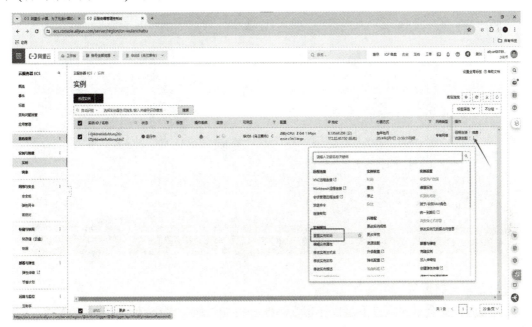

图 6-15　重置实例密码

② 对于公网 IP 的访问，需要服务器授予访问者一个权限，告诉访问者从哪一个端口去访问服务器，这就是安全组配置。选择左侧菜单栏的"安全组"→"访问规则"，需要自己定义一个开放 80 端口的规则，点击"手动添加"，输入"80"后保存，如图 6-16 所示。

图 6-16　添加端口

③ 规则配置完成，接下来回到"实例"，选择服务器属性操作下的"网络和安全组"，将服务器实例加入该安全组，如图 6-17 所示。

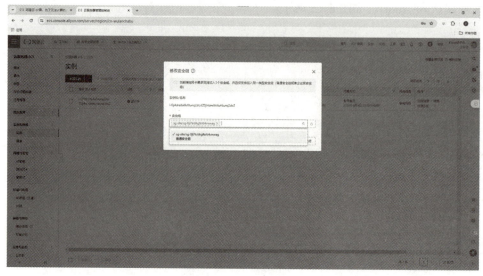

图 6-17　修改安全组

(3) 远程连接配置。

仅仅进行安全组的配置不足以让用户访问公网 IP。接下来进行远程连接的配置，点击"操作"属性下的"远程连接"，会弹出提示框，此处选择"通过 Workbench 远程连接"方式，这是一种在线命令行工具，如图 6-18 所示。

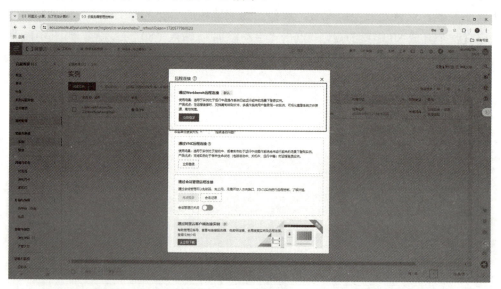

图 6-18　远程连接

(4) 查看实例详情。

实例创建完成后，返回 ECS 管理页面，在"实例"标签下，可以看到新创建的实例列表。找到刚刚创建的实例，点击实例 ID 进入实例详情页面，可以查看实例的基本信息、配置信息和绑定资源，如图 6-19 所示。

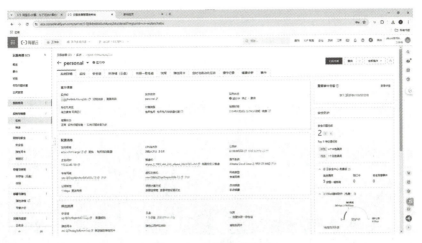

图 6-19　实例详情页面

实验 6-3　在云服务器上运行 C++ 和 Python 代码

1. 实验内容

在云服务器上安装开发环境，编写并运行 C++ 和 Python 代码。学习如何在云服务器上安装 C++ 编译器和 Python 解释器，并通过阿里云提供的 Workbench 远程连接到实例进行开发和调试。通过该实验，学生将掌握在云服务器上进行编程开发的基本技能，了解如何配置开发环境并运行代码。

2. 实验步骤

(1) 使用 Workbench 连接实例。

在实例详情页面，找到"远程连接"按钮，并选择"通过 Workbench 远程连接"作为连接方式。弹出连接窗口后，输入实例的用户名（通常为 root）和密码，点击"连接"，进入 Workbench 页面，如图 6-20 所示。

图 6-20　Workbench 页面

（2）更新系统软件包。

在 Workbench 终端中输入"yum update -y"命令来更新系统软件包，如图 6-21 所示。

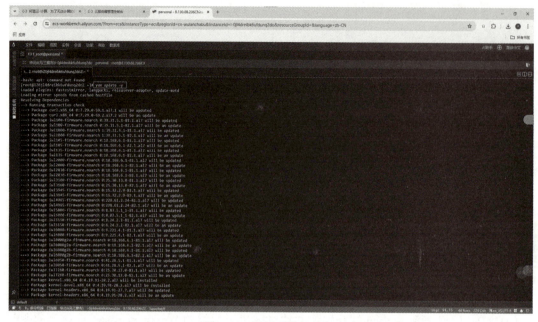

图 6-21　更新系统软件包

（3）安装 C++ 编译器。

在 Workbench 终端中输入"yum install gcc-c++ -y"命令来安装 C++ 编译器，如图 6-22 所示。

图 6-22　安装 C++ 编译器

（4）安装 Python。

在 Workbench 终端中输入"yum install python3 -y"命令来安装 Python，如图 6-23 所示。

```
[root@iZ0jl4dreibk6ufdunq2doZ ~]# yum install python3 -y
yum install python3 -y
Loaded plugins: fastestmirror, langpacks, releasever-adapter, update-motd
Loading mirror speeds from cached hostfile
Package python3-3.6.8-21.2.al7.x86_64 already installed and latest version
Nothing to do
```

图 6-23　安装 Python

(5) 编写并运行 C++ 代码。

① 在 Workbench 终端中使用"nano hello.cpp"或其他文本编辑器创建并编辑 C++ 代码文件，编辑完成后保存文件并退出编辑器（在 nano 文本编辑器中，组合使用 Ctrl + X、Y 和 Enter 键），如图 6-24 所示。

图 6-24　编辑 C++ 代码文件

② 在 Workbench 终端中输入"g++ hello.cpp -o hello"命令编译 C++ 代码，如图 6-25 所示。

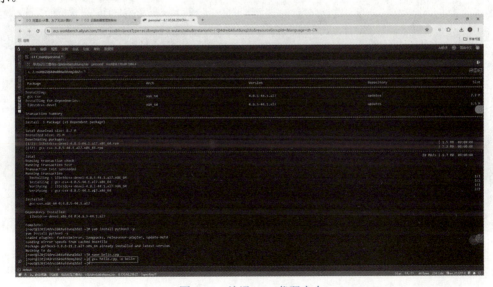

图 6-25　编译 C++ 代码命令

③ 在 Workbench 终端中输入"./hello"命令运行编译后的程序，如图 6-26 所示。

```
[root@iZ0jl4dreibk6ufdunq2doZ ~]# ./hello
Hello, World!
```

图 6-26　C++ 程序结果

(6) 编写并运行 Python 代码。

在 Workbench 终端中，使用 nano 或其他文本编辑器创建并编辑 Python 代码文件，在终端中输入"python3 hello.py"运行 Python 代码并输出结果，如图 6-27 所示。

```
[root@iZ0jl4dreibk6ufdunq2doZ ~]# nano hello.py
[root@iZ0jl4dreibk6ufdunq2doZ ~]# python3 hello.py
Hello, World!
```

图 6-27　Python 程序结果

四、思考与扩展练习

1. 完成练习：使用远程开发环境

在本地计算机上安装 VS Code 和 Remote-SSH 插件，配置 VS Code 连接到 ECS 实例，使用 VS Code 进行远程开发，具体步骤如下。

(1) 安装和配置 VS Code 和 Remote-SSH 插件。

① 访问 VS Code 官网 (https://code.visualstudio.com/)，根据操作系统下载并安装 VS Code。

② 打开 VS Code，点击左侧的扩展 (Extensions) 图标。在扩展搜索栏中输入"Remote-SSH"，找到并安装"Remote - SSH"插件，如图 6-28 所示。

图 6-28　下载插件

③ 在 VS Code 中，按 Ctrl+Shift+P 组合键打开命令面板，输入"Remote-SSH: Connect to Host..."并选择该选项，如图 6-29 所示。

图 6-29　打开 Remote-SSH 配置

④ 在弹出的界面中选择计算机远程服务器的公网 IP，输入实例密码即可进入远程服务器窗口界面，如图 6-30 所示。

图 6-30　远程服务器界面

(2) 使用 VS Code 进行远程开发。

① 在 VS Code 中，点击菜单栏的"终端"，选择"新建终端"，打开一个远程终端。

② 使用 VS Code 的文件资源管理器浏览和编辑 ECS 实例上的文件。可以在 VS Code 中创建、编辑和保存文件，所有更改都会直接应用到远程实例，如图 6-31 所示。

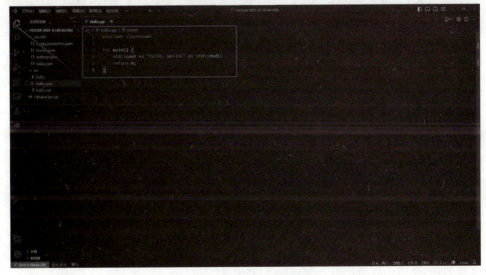

图 6-31　创建、编辑文件

2. 完成练习：编写和运行更复杂的程序

在本练习中，学生将通过使用 VS Code 连接远程云服务器编写和运行更复杂的 C++ 程序以及使用阿里云自带的 Workbench 远程连接来编写和运行 Python 代码，深入理解排序算法和网页数据抓取技术。学生将编写一个实现快速排序算法的 C++ 程序，并使用 Makefile 进行项目管理；此外，学生将编写一个 Python 程序，使用 requests 库抓取网页内容，并利用 BeautifulSoup 库进行解析和数据处理，具体步骤如下。

(1) C++ 扩展练习：实现快速排序算法。

① 在 VS Code 终端中，使用"mkdir cpp_project""cd cpp_project"创建一个新的项目目录。

② 在项目目录中，创建一个名为"quicksort.cpp"的文件，开始编写快速排序算法代码，如图 6-32 所示。

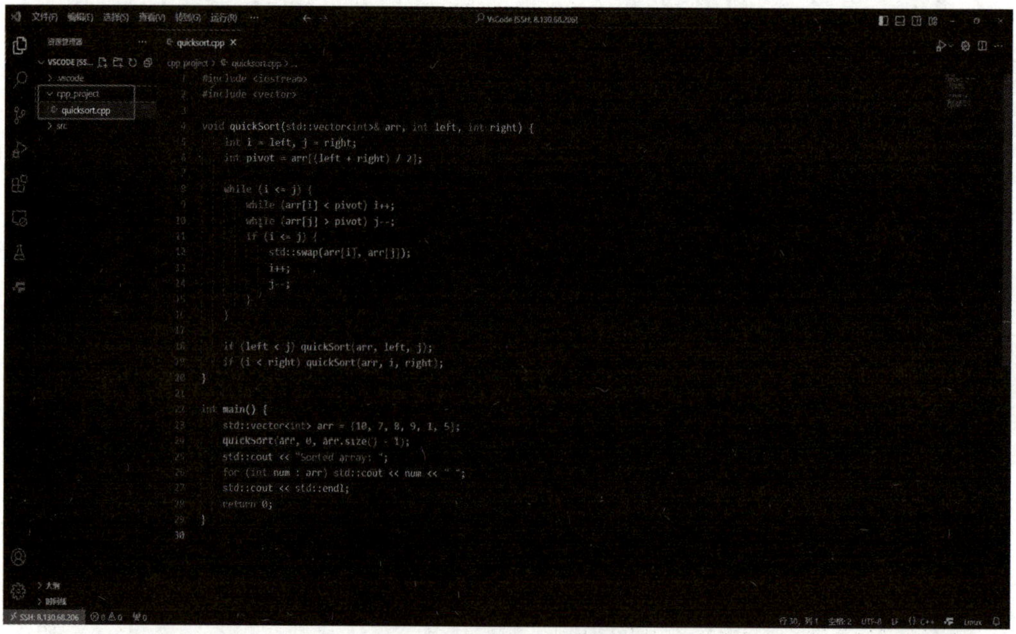

图 6-32 编写快速排序算法

quicksort.cpp 文件的部分代码如下：

```
1.  #include <iostream>
2.  #include <vector>
3.
4.  void quickSort(std::vector<int>& arr, int left, int right) {
5.    int i = left, j = right;
6.    int pivot = arr[(left + right) / 2];
7.
8.    while (i <= j) {
9.      while (arr[i] < pivot) i++;
```

```
10.    while (arr[j] > pivot) j--;
11.    if (i <= j) {
12.      std::swap(arr[i], arr[j]);
13.      i++;
14.      j--;
15.    }
16.  }
17.
18.  if (left < j) quickSort(arr, left, j);
19.  if (i < right) quickSort(arr, i, right);
20. }
21.
22. int main() {
23.   std::vector<int> arr = {10, 7, 8, 9, 1, 5};
24.   quickSort(arr, 0, arr.size() - 1);
25.   std::cout << "Sorted array: ";
26.   for (int num : arr) std::cout << num << " ";
27.   std::cout << std::endl;
28.   return 0;
29. }
```

③ 在项目目录中，创建一个名为 "Makefile" 的文件，编写其内容来简化项目的编译过程，如图 6-33 所示。

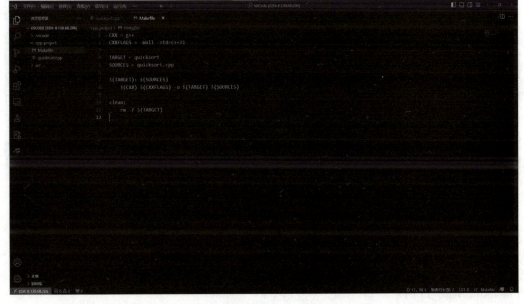

图 6-33　编写 Makefile

Makefile 文件的部分代码如下：

```
1.  CXX = g++
2.  CXXFLAGS = -Wall -std=c++11
3.
4.  TARGET = quicksort
5.  SOURCES = quicksort.cpp
6.
7.  $(TARGET): $(SOURCES)
8.      $(CXX) $(CXXFLAGS) -o $(TARGET) $(SOURCES)
9.
10. clean:
11.     rm -f $(TARGET)
```

在 VS Code 终端中执行"make"命令编译程序，使用"./quicksort"运行生成的可执行文件，运行结果如图 6-34 所示。

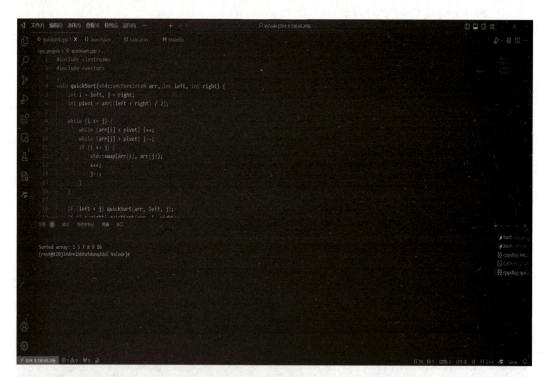

图 6-34　运行结果

(2) Python 扩展练习：网页数据抓取与解析。

① 使用阿里云 Workbench 连接到 ECS 实例。

② 在 Workbench 中输入"mkdir python_project""cd python_project"创建一个新的项目目录，如图 6-35 所示。

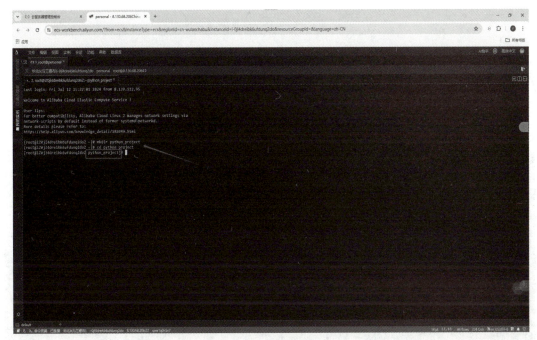

图 6-35 创建 Python 项目

在 Workbench 中输入"python3 -m venv myenv""source myenv/bin/activate"创建并激活虚拟环境，输入"pip install requests beautifulsoup4"安装所需的 Python 库，如图 6-36所示。

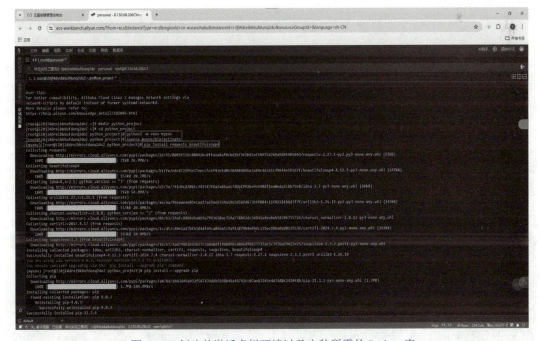

图 6-36 创建并激活虚拟环境以及安装所需的 Python 库

③ 在项目目录中，创建一个名为 web_scraper.py 的文件。编写抓取和解析网页内容的Python 代码，如图 6-37 所示。

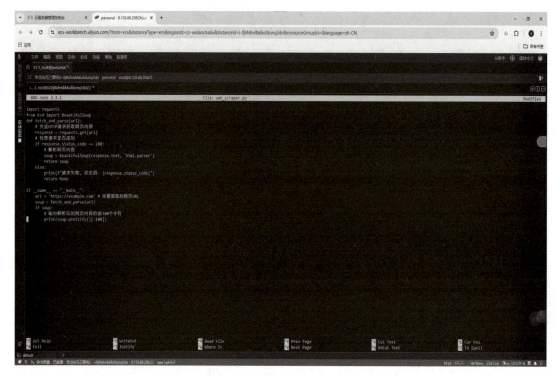

图 6-37　编写 Python 代码

④ 在 Workbench 终端中执行"python3 web_scraper.py"命令运行程序，如图 6-38 所示。

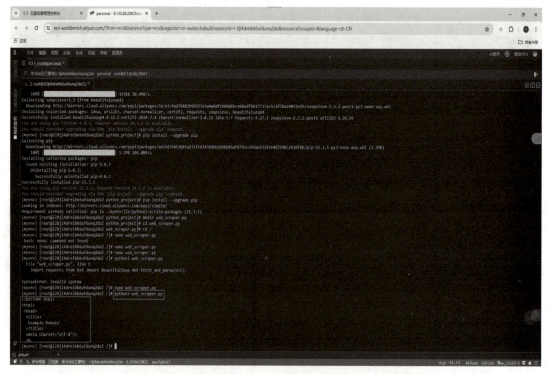

图 6-38　结果展示

web_scraper.py 文件的部分代码如下：

```
1.   import requests
2.   from bs4 import BeautifulSoup
3.
4.   def fetch_and_parse(url):
5.     response = requests.get(url)
6.     if response.status_code == 200:
7.       soup = BeautifulSoup(response.text, 'html.parser')
8.       return soup
9.     else:
10.      return None
11.
12.  def main():
13.    url = 'https://example.com'
14.    soup = fetch_and_parse(url)
15.    if soup:
16.      print('Page title:', soup.title.string)
17.      # Further processing here
18.    else:
19.      print('Failed to retrieve the web page.')
20.
21.  if __name__ == '__main__':
22.    main()
```

实验 7　大模型在线绘图

一、实验目的

(1) 了解 AI 绘画生成工具 Stable Diffusion(简称 SD)。

(2) 掌握利用 SD 实现以文生图和以图生图的基本方法。

(3) 了解大模型在人工智能生成内容 (Artificial Intelligence Generated Content，AIGC) 上的应用。

(4) 了解提示词的使用。

二、实验任务与要求

(1) 文本转图像 (Text-to-Image)：

根据需求输入文本描述，Stable Diffusion 根据描述生成相应图像，练习提示词的使用。

(2) 图像转图像 (Image-to-Image)：

输入一张参考图像，结合文本描述生成新的图像，用于图像编辑和风格转换。

三、实验内容与实验步骤

实验 7-1　熟悉 SD 在线绘图环境

1. 实验内容

了解 SD 在线绘图工具的各模块功能，熟悉参数设置的菜单位置。

2. 实验步骤

(1) 打开网页 https://www.liblib.art，进入 SD 在线绘图首页，如图 7-1 所示。左侧是相关菜单项，包括：哩布首页、在线生图、在线工作流、训练 LoRA、个人中心和深色模式等。点击左下角 "深色模式"，页面呈现深色背景。SD 是一款基于深度学习的开源图像生成工具，可以根据文本描述生成高质量的图像。

图 7-1　SD 在线绘图首页

(2) 点击"在线生图"菜单，登录后进入 SD 的在线绘图设计页面，如图 7-2 所示。该页面主要由信息输入区、参数编辑区和绘图生成区构成。在信息输入区上方，有文生图、图生图和超清放大等不同的功能选项卡，点击不同选项可进入到不同功能对应下的编辑页面。参数编辑区包含采样方法、迭代步数、图片数量和 ControlNet 等相关编辑选项。在线工具目前给用户开放部分训练好的深度学习模型，每天提供一定数量的免费生图机会。

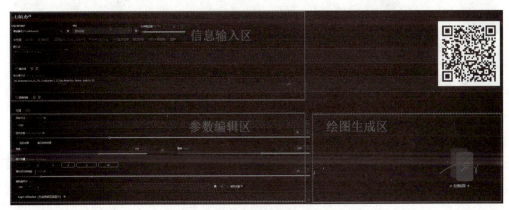

图 7-2　SD 在线绘图设计页面

(3) 在信息输入区的第一行，可以看到 CHECKPOINT 大模型和"VAE"大模型均有下拉框，如图 7-3 所示。在 CHECKPOINT 这里可以选择不同样式和风格的模型来"装扮"图片，从而让 AI 生成用户想要的效果。点击模型的下拉图标，这里有适合初学者使用的模型。

图 7-3　CHECKPOINT 大模型

（4）如果想要选择其他模型，首先返回到 LiblibAI 的首页，找到左上角带有"checkpoint"字样的模型点击进入，如图 7-4 所示。然后点击"立即生图"，在生图界面里就会自动加载所选择的模型，可以认真挑选一些 checkpoint 模型，选择"加入模型库"，在之后进行在线生图时就可以从收藏的模型中选择并使用。

图 7-4　选择其他模型

实验 7-2　大模型以文生图

1. 实验内容

利用 AI 绘画生成工具 SD 练习大模型的以文生图功能。要求使用多场景提示词生成多种背景类型的人物或自然景色图像，并在其中加入体现图像特色的有关提示词。

2. 实验步骤

(1) 在 CHECKPOINT 下拉框中选择"ComicTrainee| 动漫插画模型"或者其他功能相近的模型，然后在提示词输入框输入如下提示词：在一个异想天开的童话森林里，蘑菇形状的房子，树屋，点击"开始生图"，等待片刻后，在绘图生成区生成的图片如图 7-5 所示。

图 7-5 AI 生成图 1

备注：受某些随机性的影响，采用相同提示词生成的图效果类似，但并非完全相同。

(2) 在参数编辑区将采样方法改为"DPM++3M SDE Karras"，图片数量选择 3，点击"开始生图"，等待片刻后，在绘图生成区生成的图片如图 7-6 所示。

图 7-6 AI 生成图 2

(3) 在提示词输入框输入如下提示词：异想天开的森林，魔法花园的照片，童话王国森林，精灵屋，魔法奇幻森林，在外星丛林里，为树屋、蘑菇屋、仙宫、外星栖息地、霍比特洞而战，依偎在森林里，有屋顶的森林，奇怪的外星森林，在他的霍比特家里，充满了植物和栖息地，充气景观与森林，霍比特洞的内部，魔法奇幻林，蘑菇林拱门，树城，蒸汽朋克森林，建造变成树木和石头，点击"开始生图"，等待片刻后，在绘图生成区生成的图片如图 7-7 所示。

图 7-7　AI 生成图 3

(4) 在 CHECKPOINT 下拉框中选择"majicMIX realistic 麦橘写实 _v7.safetensors"或者其他功能相近的模型，然后在提示词输入框输入如下提示词：水面、水晶、冰、发光、磨砂玻璃和金属材料、透明、半透明、反射、天空、雪山、深色背景，图片数量选择 3，点击"开始生图"，等待片刻后，在绘图生成区生成的图片如图 7-8 所示。

图 7-8　AI 生成图 4

(5) 在参数编辑区将采样方法改为"DPM++2M Karras"，点击"开始生图"，等待片刻后，在绘图生成区生成的图片如图 7-9 所示。

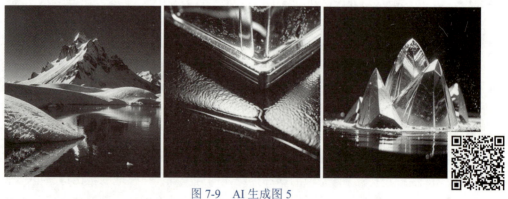

图 7-9　AI 生成图 5

(6) 在提示词输入框输入如下提示词："黑色主题、3D 渲染、C4D 渲染、OC 渲染，点击"开始生图"，等待片刻后，在绘图生成区生成的图片如图 7-10 所示。

图 7-10　AI 生成图 6

(7) 在 CHECKPOINT 下拉框中选择"基础算法 _XL.safetensors"模型，然后在提示词输入框输入如下提示词：标志、杯子、泡泡、漫画风、3D，采样方法改为"DPM++SDE"，图片数量选择 3，点击"开始生图"，等待片刻后，在绘图生成区生成的图片如图 7-11 所示。

图 7-11　AI 生成图 7

实验 7-3　大模型以图生图

1. 实验内容

利用 AI 绘画生成工具 SD，练习大模型的以图生图功能。利用 ControlNet，通过参数设置，在原图像基础上进行风格转换，生成不同效果的 AI 图像。

2. 实验步骤

(1) 在信息输入区上方，点击"图生图"选项卡，进入其编辑页面，如图 7-12 所示。图生图需要先提供一张参考图，由 AI 在参考图上做修改，也就是用原图和提示词进行图片的再创作。图生图能够弥补文生图随机性太大的不足，当使用文生图功能生成一张喜欢的图片时，可能存在某些地方不满足需求，而文生图很难对其进行修正或修改。

图 7-12　"图生图"页面 1

(2) 首先利用实验 7-2 介绍的以文生图功能输入提示词生成一幅人物图，然后点击图 7-12 中"图生图"菜单的下方区域选好相应人物图，在 CHECKPOINT 下拉框中选择"SDXL-Anime| 天空之境 _v3.1. safetensors" 或"majicMIX realistic 麦橘写实 _v7. safetensors"模型，如图 7-13 所示。

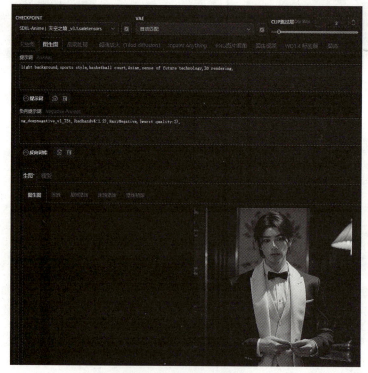

图 7-13　"图生图"页面 2

（3）在提示词输入框输入如下提示词：蓝眼睛，白发，未来技术感，图片数量选择 3，点击"开始生图"，等待片刻后，在绘图生成区生成的图片如图 7-14 所示。

图 7-14　AI 生成图 8

（4）在参数编辑区点击 ControlNet 的右侧箭头，扩展出下方的参数编辑区域，如图 7-15 所示。

图 7-15　ControlNet 参数编辑页面

（5）点击图 7-15 中"ControlNet Unit0"菜单的下方区域导入白底的线图画，选择"启用""允许预览"，Control Type 处选择"Scribble/Sketch（涂鸦 / 草图）"，预处理器选择"scribble_xdog（涂鸦 - 强化边缘）"，点击右侧的"运行 & 预览"按钮，Model 选用默认类型，如图 7-16 所示。在提示词输入框输入如下提示词：蓝色背景，新年快乐，喜气洋洋，日月星辰，3D 渲染，生成结果如图 7-17 所示。

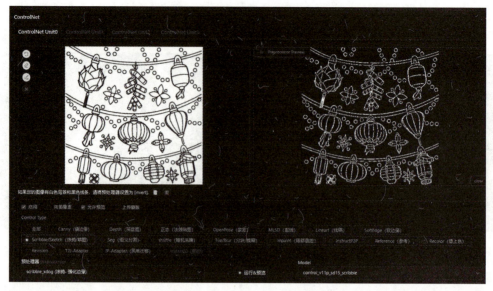

图 7-16　ControlNet 参数编辑结果

图 7-17　AI 生成图 9

(6) SD 大模型能够带来丰富的艺术效果，且不同模型的艺术效果也存在区别性。利用 SD 能够实现风格迁移，给图像赋予不同的艺术效果，从而带来新的创作灵感。在信息输入区选择"文生图"，在参数编辑区点击"ControlNet"编辑区域，然后在 ControlNet Unit0 选项卡下选择一副能代表风格特色的图片 (如海边阳光)，如图 7-18 所示。

图 7-18　ControlNet 编辑区域

(7) ControlNet 编辑区域下方依次选择"启用""允许预览"，在 Control Type 中选择 "IP-Adapter(风格迁移)"，然后鼠标点击 按钮，大模型学习图片风格后产生输出结果，如图 7-19 所示。

图 7-19　ControlNet 风格迁移

(8) ControlNet Unit1 选项卡下选择一副要融入图 7-19 风格的图片，依次选择"启用""允许预览"，在 Control Type 中选择"Lineart(线稿)"，然后鼠标点击 运行&预览 按钮，大模型学习图片轮廓特点后产生的输出结果如图 7-20 所示。

图 7-20　ControlNet 线稿生成

(9) 图片数量选择 3，点击"开始生图"，结果如图 7-21 所示。

图 7-21　AI 生成图 10

(10) 如果对生成结果不满意，可通过改变模型选择和修改提示词进行调整。比如，在 CHECKPOINT 下拉框中选择"Human- 墨幽人造人 _1060.safetens04s"，然后在提示词输入框输入如下提示词：黑发，运动风，渲染，在参数编辑区将采样方法改为"DPM++3M SDE Karras"，重新点击 [运行&预览] 按钮，点击"开始生图"，等待片刻后，在绘图生成区生成的图片如图 7-22 所示。

图 7-22　AI 生成图 11

(11) ControlNet Unit0 选项卡下重新选择一副能代表风格特色的图片，如图 7-23 所示。依次选择"启用""允许预览"，在 Control Type 中选择"IP-Adapter(风格迁移)"，然后鼠标点击 [运行&预览] 按钮，大模型学习图片风格后产生的输出结果如图 7-24 所示。

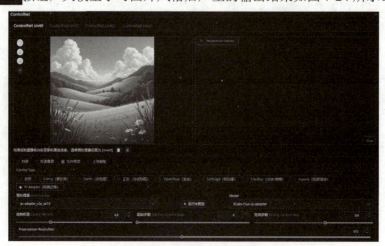

图 7-23　重新选择风格图片

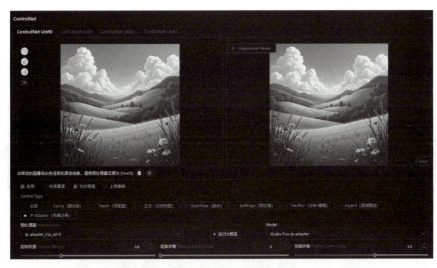

图 7-24　风格预览

(12) 图片数量选择 3，点击"开始生图"，结果如图 7-25 所示。

图 7-25　AI 生成图 12

(13) ControlNet Unit0 选项卡下重新选择一副能代表动态效果的图片，依次选择"启用""允许预览"，在 Control Type 中选择"OpenPose(姿态)"，然后鼠标点击 按钮，大模型识别姿态后产生的输出结果如图 7-26 所示。

图 7-26　姿态识别

(14) 在 CHECKPOINT 下拉框中选择 "Comic Trainee| 动漫插画模型 _v2.0.safetensors"，然后在提示词输入框输入提示词：女孩跑步，产生的输出结果如图 7-27 所示。

图 7-27　AI 生成图 13

四、思考与扩展练习

通过 SD 工具，尝试利用下列提示词生成图像：

(1) 大太阳，大夏天，蓝色的大海，海上有船，一个女孩，面向我，上半身穿着运动衫，面无表情，手里拿着彩色冰淇淋，戴着蓝色蝴蝶结。

(2) 1 个留着蓝色长发的女孩坐在一片有绿色植物和鲜花的田野里，手放在下巴旁边，温暖的灯光，蓝色连衣裙，前景模糊。

扩展知识：主流 AI 工具和平台推荐，如表 7-1 所示。

表 7-1　主流 AI 工具与平台

序号	网　址	特　点　说　明
1	https://yiyan.baidu.com/	文心一言，百度研发产品，具有汉语理解、广告语和文章写作辅助等功能
2	https://chatglm.cn/	集预设模板、智能生成模板于一体。提供了多种类型的模板，如论文、报告、散文等，能根据用户输入的关键词或主题，自动生成相关提纲
3	https://xinghuo.xfyun.cn/	讯飞星火，具有强大的语言理解能力、高质量的语言生成能力、多领域知识覆盖、个性化服务支持、高效的处理速度
4	https://yuanbao.tencent.com/	腾讯元宝，具有多种中文辅助插件，如口语练习、PDF 翻译、文本翻译等
5	https://www.midjourney.com/	生成图片素材和创意参考图的首选，速度快，质量高，价格低廉
6	https://kling.kuaishou.com/	可灵快手旗下的 AI 视频产品，尤其是图片转视频效果较好
7	https://y.qq.com/tme_studio/index.html	腾讯的音乐辅助生成平台，帮助创作者进行音乐创作
8	https://ace-studio.timedomain.cn/	国内的智能音乐生成平台，歌词、配乐可单独创作

第三篇
人工智能信息篇

实验 8　Windows 操作系统应用

一、实验目的

(1) 掌握管理桌面和系统设置的基本方法。

(2) 掌握控制面板设置。

(3) 掌握管理文件和文件夹的基本方法。

(4) 学会常用系统内置小工具的使用。

(5) 熟悉系统优化与管理的途径，学会系统优化与管理的一般方法。

二、实验任务与要求

1. Windows10 桌面管理

(1) 设置桌面显示环境。

(2) 设置开始菜单和任务栏。

(3) 查看电脑性能。

(4) 使用任务管理器。

2. 使用"Windows设置"

(1) 系统设置。

(2) 设备设置。

3. 使用"控制面板"

(1) 启动控制面板。

(2) 设置"用户账户"。

(3) 添加或删除程序。

(4) 查看"系统和安全"。

(5) 设置"时钟和区域"。

4. 管理文件和文件夹

(1) 隐藏文件和文件夹。

(2) 加密文件和文件夹。

5. 使用系统内置小工具

(1) 使用计算器。

(2) 使用截图工具。

(3) 打开并使用屏幕键盘。

(4) 使用其他小工具。

6. 系统优化与管理

(1) 查看与分析系统性能。

(2) 加快开关机速度。

(3) 磁盘管理。

三、实验内容与实验步骤

实验 8-1　Windows 桌面管理

1. 实验内容

桌面是所有用户使用 Windows 系统的环境，用户可以将应用程序、文件和文件夹放到桌面上，从而快速启动或打开相应内容。用户可以根据自身需求设置桌面的显示环境，在增加桌面美观度的同时，还可以使用不同功能进行各种设置，以优化显示环境。

2. 实验步骤

(1) 设置显示或隐藏桌面系统图标 (桌面显示环境)。

① 右键单击桌面空白处，在弹出的快捷菜单中选择"个性化"选项，或打开"设置"窗口的"个性化"设置界面，选择左侧导航栏中的"主题"，然后在右侧单击"桌面图标设置"链接，如图 8-1 所示。

② 打开"桌面图标设置"对话框，选中要显示在桌面上的图标所对应的复选框，如图 8-2 所示。

图 8-1　单击"桌面图标设置"链接　　图 8-2　"桌面图标设置"对话框

③ 选中"控制面板"复选框 (本实验后续内容需要用到"控制面板")，单击"确定"

按钮后，关闭"桌面图标设置"对话框，"控制面板"图标被添加到桌面上，如图 8-3 所示。

图 8-3　桌面图标

④ 如果希望图标外观随不同主题自动更改，则需要选中图 8-2 下方的"允许主题更改桌面图标"复选框。

除了可以向桌面添加 Windows 默认的系统常用图标外，用户还可以根据需要添加其他用途的图标，比如用户的文件、网络。在图 8-1 所示的"设置"对话框中，除了可以设置"主题"，还可以设置"背景""颜色""字体"等，可根据不同需求进行个性化的设置和探索。

(2) 设置开始菜单和任务栏。

单击桌面左下方的"开始"按钮或按键盘上的 Windows 徽标键 ▦，即可打开 Windows 10 的"开始"菜单，如图 8-4 所示。

图 8-4　开始菜单

Windows 10 的任务栏改进后使用时更方便和灵活，功能更强，任务栏上放置了一组默认的图标，可用来启动各个应用程序。任务栏位于桌面的底部，外观为长条状，主要由如图 8-5 所示的几个部分组成。

通过操作可添加其他图标以及删除现有图标：将相应图标拖至任务栏上，或者鼠标右键单击应用程序图标，然后单击菜单中的"固定到任务栏"或者"从任务栏取消固定"选项，根据自己的喜好设置开始菜单和任务栏。

图 8-5　任务栏

任务栏和开始菜单设置的操作步骤如下：

① 设置任务栏和开始菜单属性，在任务栏上单击右键，弹出"任务栏和开始菜单"属性对话框，如图 8-6 所示。

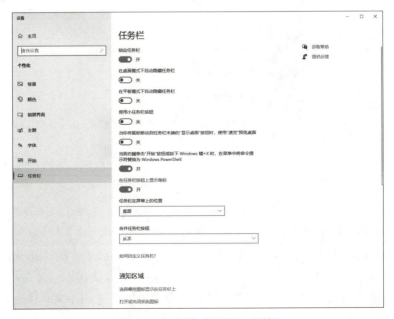

图 8-6　"任务栏和开始菜单"属性对话框

② 单击"任务栏设置"打开任务栏"设置"对话框，在左侧的导航栏中选择"任务栏"，如图 8-7 所示，进行自定义设置。

图 8-7　任务栏"设置"对话框

③ 新建一个 Word 或 WPS 文档，将其命名为"新实验一 .docx"，如图 8-8 所示。在任务栏上右键单击该程序图标，在弹出的快捷菜单中选择"固定到任务栏"，将文件"新实验一 .docx"对应的程序固定到任务栏，若要取消固定，右键单击"从任务栏取消固定"，如图 8-9 所示。

图 8-8　任务栏中新建的"新实验一 .docx"文件

图 8-9　文件在任务栏中的固定与取消

④ 在如图 8-7 所示的任务栏"设置"对话框左侧的导航栏中继续选择"开始"，打开如图 8-10 所示的开始"设置"对话框，进行自定义设置。

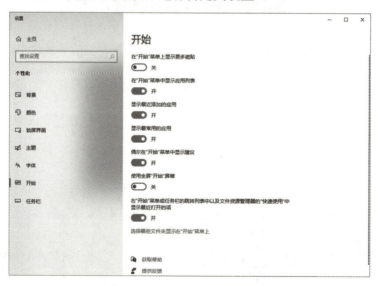

图 8-10　开始"设置"对话框

图 8-6 所示的快捷菜单可以对多窗口位置进行"层叠""堆叠""并排"显示，以方便用户在多窗口使用状态下的便捷性。单击图 8-6 所示的快捷菜单中的"任务管理器"选项可以打开如图 8-11 所示的"任务管理器"对话框，用户可以快速地了解系统的运行状态；如果系统需要热启动或结束任务，当遇到死机情况时可以通过 Ctrl+Alt+Delete 组合键打开"任务管理器"，解决相应问题。

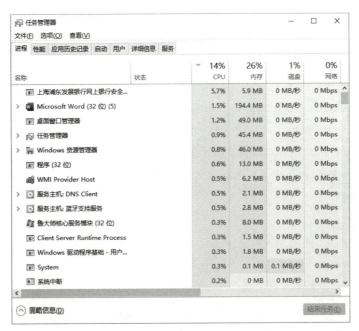

图 8-11 "任务管理器"对话框

(3) 查看电脑性能。

通过 Windows 查看电脑性能的操作步骤一般如下：

① 在桌面上右键单击"此电脑"，在弹出的快捷菜单中选择"属性"菜单命令，打开属性"设置"对话框，如图 8-12 所示。

② 在如图 8-12 所示的属性"设置"对话框左侧导航栏中选择"关于"来查看系统的基本信息，如"设备规格""Windows 规格"等。

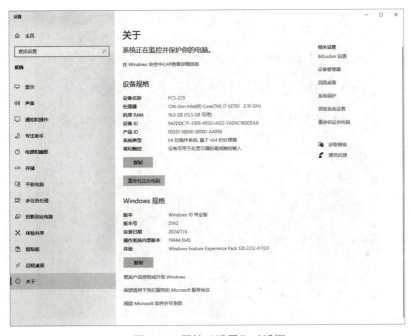

图 8-12 属性"设置"对话框

③ 在图 8-12 所示的属性"设置"对话框右侧"相关设置"中单击"设备管理器"选项，弹出"设备管理器"窗口，可以查看电脑的详细配置，如图 8-13 所示。

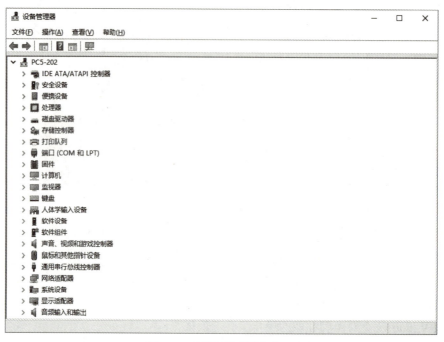

图 8-13 "设备管理器"窗口

通过使用 DirectX 诊断工具查看电脑硬件信息的操作步骤如下：

① 在"任务栏"中的"搜索"框中，输入"cmd"命令 (如图 8-14 所示)，单击打开"命令提示符"对话框。

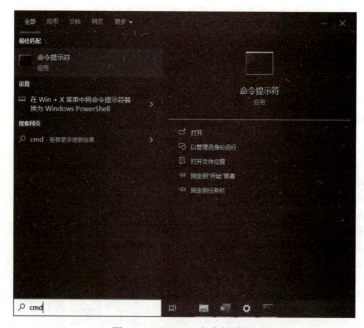

图 8-14 "cmd"命令的使用

② 在路径后输入"DXDIAG"回车确定，如图 8-15 所示，打开"DirectX 诊断工具"对话框，如图 8-16 所示，在"系统"选项卡中显示了当前系统的信息。

图 8-15 "命令提示符"窗口

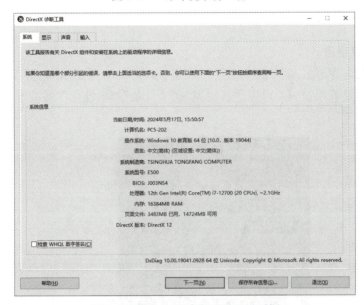

图 8-16 "DirectX 诊断工具"对话框

③ 依次在"显示""声音"和"输入"选项卡下查看电脑的更多硬件信息，如图 8-17 所示。

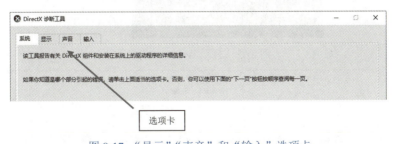

图 8-17 "显示""声音"和"输入"选项卡

实验 8-2 使用"Windows 设置"

1. 实验内容

Windows 10 中 Windows 设置界面和控制面板提供了多种用户界面与功能选项，以满足不同用户的需求。设置界面采用现代化的用户界面设计，主要提供常用的系统设置和配置选项，如个性化设置、网络和互联网设置、应用程序设置、设备设置等，其更注重于对整个系统的常用设置进行集中管理，具有更简洁、直观的布局和操作方式。相比之下，控制面板则采用了较为传统的用户界面，其布局和操作方式与 Windows 7 相似。控制面板则提供了更为广泛和深入的系统设置选项，包括用户账户、硬件和声音、程序、安全和维护等，适用于高级用户或特定需求的配置和管理。

本实验从打开"Windows 设置"窗口入手，意在实现系统基本设置，如"账户"等高级设置可根据需求自行练习和探索。

2. 实验步骤

(1) 打开设置窗口。

单击"开始"菜单左侧列的"设置"按钮（如图 8-18 所示），打开 Windows 10 中全新的"Windows 设置"窗口，可以进行"系统""设备""个性化"等基本设置，如图 8-19 所示。

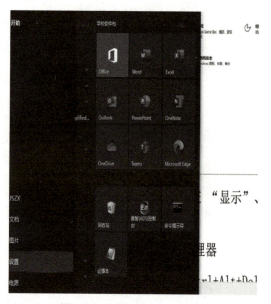

图 8-18　打开 Windows 设置

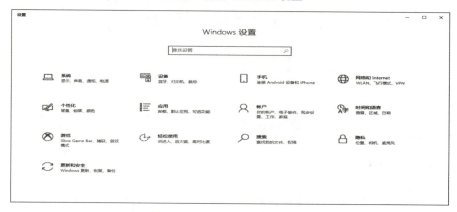

图 8-19　"Windows 设置"窗口

(2) 系统设置。

① 在图 8-19 中选择"系统"选项，进行"显示"亮度（如图 8-20 所示）和"声音"输入、输出的设置。

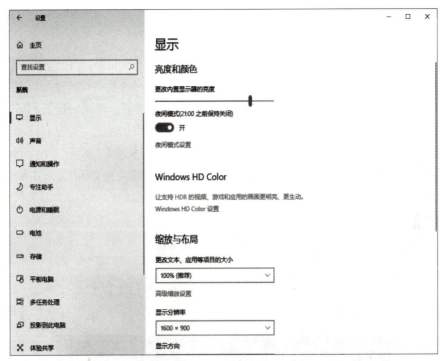

图 8-20　系统"设置"对话框

② 在图 8-19"Windows 设置"窗口中选择"设备"选项，进行"蓝牙和其他设备"与"鼠标"设置，如图 8-21 所示。

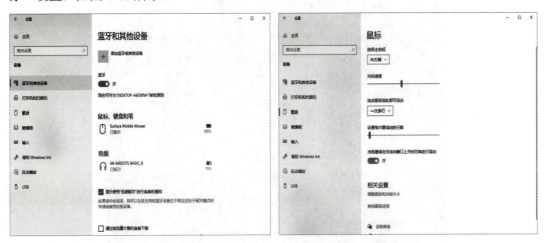

图 8-21　"蓝牙和其他设备"与"鼠标"设置

打开图 8-19 中的"账户"，可以查看和添加用户账户等设置，也可通过控制面板打开，这部分内容将在控制面板中进行练习。在图 8-21 中的设备"设置"对话框中，还可以进行"打印机与扫描仪""输入"等设置，可根据不同需求进行练习。如果电脑是触摸屏，还可进行"触摸板"设置。

实验 8-3 使用"控制面板"

1. 实验内容

控制面板是 Windows 中一直以来重要的设置单元，相比 Windows 10 全新的设置界面，控制面板采用了较为传统的用户界面，提供更为广泛和深入的系统设置选项，包括用户账户、硬件和声音、程序、安全和维护等，适用于高级用户或特定需求的配置和管理。

本实验涉及的内容是"控制面板"中比较常用和重要的功能，包括：启动"控制面板"、设置"用户账户"、添加或删除程序、查看"系统和安全"、设置"时钟和区域"5部分。其他一些比如"硬件与声音""网络与 Internet"等功能，可根据实际需要进行练习和设置。

2. 实验步骤

(1) 启动"控制面板"。

具体的操作步骤如下：

① 在"开始"菜单下单击"Windows 系统"，选择"控制面板"选项，如图 8-22 所示。如果完成了实验 8-1，则"控制面板"图标已经在桌面上，可直接鼠标左键双击打开。

图 8-22 "开始"菜单中的"控制面板"选项

② 在弹出"控制面板"窗口中，用户可查看和设置系统状态如图 8-23 所示。大多高级设置都是在"控制面板"窗口中进行的。

图 8-23 "控制面板"窗口

(2) 设置"用户账户"。

具体的操作步骤如下：

① 在图 8-23 所示的"控制面板"窗口中选择"用户账户"选项，打开如图 8-24 所示的"用户账户"对话框。

图 8-24 "用户账户"界面

② 单击"更改账户类型"，弹出"管理账户"窗口（如图 8-25 所示），选择要更改的用户，在弹出的"更改账户"窗口（如图 8-26 所示）中，单击"更改账户名称"选项，将账户名称更改为"abc"，再单击"更改账户类型"选项，将账户类型设置为"标准"。

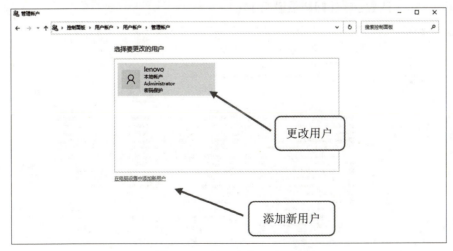

图 8-25 "管理账户"对话框

图 8-26 "更改账户"对话框

③ 当需要添加新用户时，单击图 8-25 中"在电脑设置中添加新用户"选项，可跳转到"Windows 设置"中"账户"菜单下的"家庭与其他用户"页面，单击"将其他人添加到这台电脑"选项，即可添加一个自定义的用户名，如图 8-27 所示。

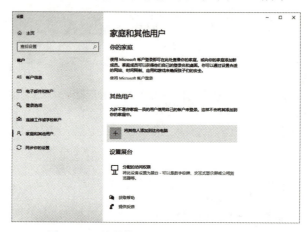

图 8-27 "将其他人添加到这台电脑"设置

(3) 添加或删除程序。

在 Windows 10 控制面板中，如果想要卸载电脑里安装过的程序，可以通过"添加或删除程序"功能，实现添加、卸载或修复安装的程序。选择图 8-23 所示"控制面板"窗口中的"程序"选项，在弹出的"程序"对话框中单击"程序与功能"后打开"卸载或更改程序"对话框 (如图 8-28 所示)，选择需要卸载或更改的程序，右键单击"卸载"或"更改"完成操作。(注意：软件卸载需谨慎)。

图 8-28 "卸载与更改程序"对话框

(4) 查看"系统和安全"。

具体的操作步骤如下：

① 选择图 8-23 所示"控制面板"窗口中的"系统和安全"，打开"系统和安全"对话框，如图 8-29 所示。

图 8-29 "系统和安全"对话框

② 单击"安全和维护"选项，在弹出的"安全和维护"对话框中查看计算机最新消息并解决问题，以及查看系统是否运行正常，如图 8-30 所示。

图 8-30 "安全与维护"对话框

③ 选中图 8-29 中的"Windows Defender 防火墙"选项或单击"检查防火墙状态"选项，在弹出的"Windows Defender"对话框中将"更新防火墙设置"设置为"使用推荐设置"

选项，如图 8-31 所示。

图 8-31 "Windows Defender 防火墙"对话框

(5) 设置"时钟和区域"。

具体的操作步骤如下：

在图 8-23 所示"控制面板"窗口中选择"时钟和区域"选项，打开如图 8-32 所示的"时钟和区域"对话框。可完成"设置时间和日期""更改时区""添加不同时区的时钟""更改日期、时间或数字格式"等操作。

图 8-32 "时钟和区域"对话框

图 8-23 所示"控制面板"窗口中的"硬件与声音""网络与 Internet"等选项，可根据实际需要进行练习和设置。

实验 8-4 文件和文件夹的隐藏与加密

1. 实验内容

文件和文件夹可以被隐藏和加密，通过这些操作可以很好地保护文件内容不被找到和篡改。

2. 实验步骤

(1) 隐藏文件和文件夹。

具体的操作步骤如下：

① 进入某个文件夹窗口或新建"文件夹 1"后打开窗口，选择"查看"菜单下的"选项"(如图 8-33 所示)，打开"文件夹选项"对话框 (如图 8-34 所示)。

图 8-33 "选项"设置

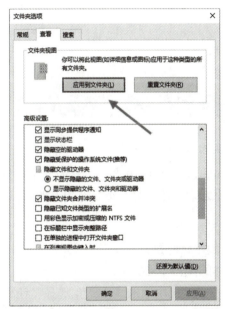

图 8-34 "文件夹选项"对话框

② 在"常规"选项卡中，可以将"浏览文件夹"的方式设置为"在同一个窗口中打开每个文件夹"或"在不同窗口中打开不同的文件夹"。在"查看"选项卡中，通过"隐藏文件和文件夹"下的两种设置方式可设置所选文件夹的隐藏与显示。

"隐藏文件和文件夹"功能是通过文件属性的"隐藏"属性来配合使用的，只有文件或文件夹的属性为"隐藏"时，此功能才能实现，请自行完成。

(2) 加密文件和文件夹。

具体的操作步骤如下：

① 选中需要加密的文件或文件夹，右键单击打开快捷菜单，单击"属性"选项。

② 在"文件夹 1 属性"对话框中的"常规"选项卡下，单击"高级"选项打开"高级属性"对话框，如图 8-35 所示。选择"加密内容以便保护数据"复选框后单击"确定"按钮。如果想取消加密，可以在"高级属性"对话框中取消"加密内容以便保护数据"复选框即可。

图 8-35　"高级属性"对话框

实验 8-5　使用系统内置小工具

1. 实验内容

Windows 10 系统中除了内置的通用应用外，还包含一些非常实用的小工具，而且功能强大。本实验将选择几个具有代表性的小工具进行练习。

2. 实验步骤

(1) 使用计算器。

具体的操作步骤如下：

① 在搜索框中输入"计算"，选择"计算器"(如图 8-36 所示)，打开"计算器"工具。(请思考并探究还可以通过什么方式打开计算器。)

图 8-36　搜索"计算器"工具

② 在"计算器"中，单击左上角"导航"按钮，选择"科学"或"程序员"等模式进行练习，如图 8-37 所示。

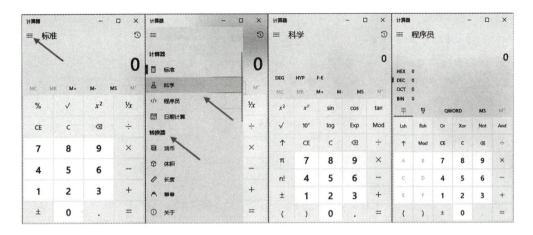

图 8-37　计算器

"计算器"中还有转换器功能，可自行探索。

(2) 使用截图工具。

Windows 10 系统自带的截图工具用于帮助用户截取屏幕上的图像，并且可对图像进行简单的编辑操作，是一个非常实用的小工具。使用截图工具可以获取矩形、任意形状、窗口和全屏四种方式的图像，用户可以根据不同需求来捕捉图像。

具体的操作步骤如下：

① 在"开始"菜单"Windows 附件"下找到"截图工具"(如图 8-38 所示)。

图 8-38　截图工具

② 打开"截图工具"(如图 8-39 所示)，可以通过菜单中的"模式"按钮选择截图模式，单击"任意格式截图"选项，再单击"新建"按钮开始截取操作，截取后示例如图 8-40 所示。

此外还可以对所截取的图像进行简单的编辑，请自行探索。

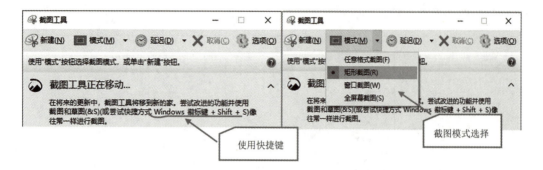

图 8-39　截取工具

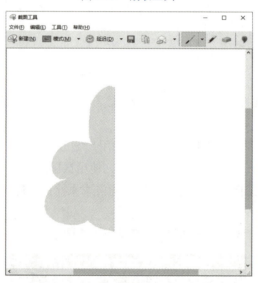

图 8-40　"任意格式截图"示例

③ 使用"Windows 徽标键 ⊞ + Shift + S"组合键可以快速进入截图状态，如图 8-41 所示。

图 8-41　使用快捷键截图

"Windows 附件"中还提供了"数学输入面板"工具，使用其可以轻松地创建数学公式，以便将其插入到文档或演示文稿中。

(3) 打开屏幕键盘。

如果键盘不能使用，可以通过"屏幕键盘"功能快速解决问题。

具体的操作步骤如下：

在"开始"菜单的"Windows 轻松使用"（如图 8-42 所示）下找到"屏幕键盘"并单击，如图 8-43 所示。

图 8-42　找到"屏幕键盘"工具

图 8-43　屏幕键盘

"Windows 轻松使用"下还有"放大镜""Windows 语音识别"等实用的工具，可以根据情况自行练习或使用。

实验 8-6　系统优化与管理

1. 实验内容

电脑的开启和关闭是一个复杂的过程，要使电脑更安全、稳定、迅速地启动和关闭，就需要对电脑的开关机进行优化，以加快开关机的速度。

2. 实验步骤

(1) 调整系统启动停留的时间。

具体的操作步骤如下：

① 右键单击"此电脑"，在弹出的快捷菜单中选择"属性"选项，打开"设置"对话框中的"关于"窗口。

② 单击"相关设置"菜单下的"高级系统设置"选项（如图 8-44 所示），打开"系统属性"对话框中的"高级"选项卡，如图 8-45 所示。

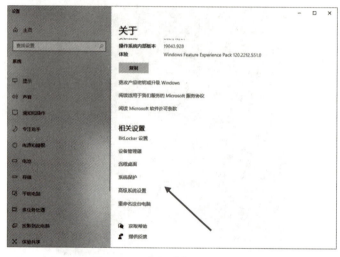

图 8-44 "高级系统设置"选项

③ 单击"启动和故障恢复"选项组中的"设置"按钮，即可打开"启动和故障恢复"对话框，如图 8-46 所示。

④ 在其中选择"在需要时显示恢复选项的时间"复选框，并根据需要设置复选框后文本框中的时间，单位是秒（如图 8-46 所示）。取消勾选"系统失败"选项组中的"将事件写入系统日志"复选框。设置完毕后，单击"确定"按钮以保存设置。

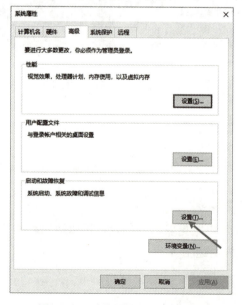

图 8-45 "系统属性"对话框

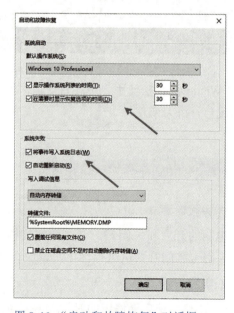

图 8-46 "启动和故障恢复"对话框

(2) 设置开机启动项目。

具体的操作步骤如下：

① 在任务栏"搜索"框中输入"msconfig"，打开"系统配置"对话框，如图 8-47 所示。

图 8-47 "系统配置"对话框

② 单击"启动"选项卡，进入启动项目设置界面，打开"任务管理器"进入"启动"窗口。

③ 根据自己的需求，选中某个应用程序后单击鼠标右键，在弹出的快捷菜单中设置需要启动和禁用的程序，或者选中程序后，单击"任务管理器"窗口下方的"启用"或"禁用"按钮，如图 8-48 所示。

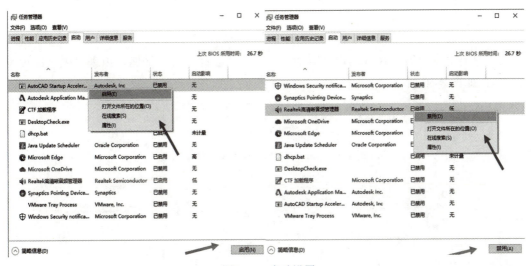

图 8-48 启动设置

当系统提示用户需重新启动以便某些系统配置所作的更改生效时，单击"重新启动"。（注意：如果是机房的电脑，不要重启，掌握此部分操作即可）。

四、思考与扩展练习

1. 系统优化之磁盘管理

磁盘用久了，总会产生这样或那样的问题，要想让磁盘高效地工作，就要注意平时对磁盘的管理。检查磁盘错误是磁盘管理的有效方法。通过检查一个或多个驱动器是否存在错误，可以解决一些常见的电脑问题。Windows 10 提供了检查硬盘错误的功能。

具体的操作步骤如下：

① 在桌面上右键单击"此电脑"图标，在弹出的快捷菜单中选择"管理"菜单命令。

② 在弹出的"计算机管理"窗口左侧的列表中选择"磁盘管理"选项。

③ 窗口的右侧显示磁盘的基本情况，选择需要检查的磁盘右键单击，在弹出的快捷菜单中选择"属性"菜单命令，如图 8-49 所示。

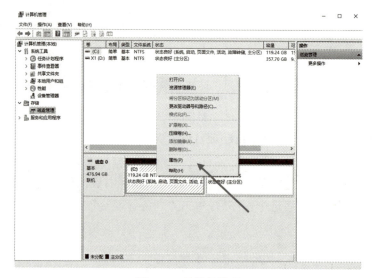

图 8-49　计算机管理

④ 弹出"本地磁盘 (C:) 属性"对话框，单击"磁盘清理"按钮，出现"磁盘清理"对话框，如图 8-50 所示。

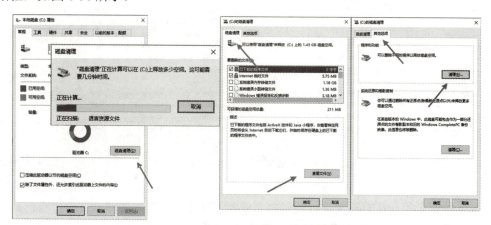

图 8-50　磁盘清理

⑤ 选择"本地磁盘 (C:) 属性"对话框中的"工具"选项卡，进行"检查"和"优化"，如图 8-51 所示。

图 8-51　检查与优化

除了使用系统自带的工具检查硬盘外，还可以利用第三方软件对硬盘进行检查。常见的检查硬盘的软件有 Windows 优化大师和 HD Tune 等，可自行探索使用方法。

实验 9　信息检索与电子邮件的使用

一、实验目的

(1) 掌握 IE 浏览器的常用功能。

(2) 掌握使用搜索引擎进行信息检索的方法。

(3) 掌握电子公告系统 (BBS) 的常用功能。

(4) 掌握电子邮件的收发功能。

二、实验任务与要求

1. 熟悉网页浏览和 IE 浏览器的常用功能

(1) 同时打开多个窗口浏览网页。

(2) 收藏夹的添加、导入和导出。

(3) 保存整个网页和图片。

(4) 快速输入地址。

(5) 清除地址列表。

(6) 设置和修改 IE 的主页。

2. 熟悉 Internet 信息检索工具和检索方法

(1) 利用百度、搜狗等搜索引擎搜索信息。

(2) 熟悉电子期刊的检索方法。

3. 下载软件和发布文章

(1) 下载软件和浏览信息。

(2) 利用电子公告板系统 (BBS) 发布信息。

4. 申请免费邮箱和邮件收发

(1) 申请免费 E-mail 地址。

(2) 邮件的撰写、发送、阅读、回复和转发。

(3) 向通讯录中添加用户。

三、实验内容与实验步骤

实验 9-1　熟悉 IE 浏览器的常用功能

1. 实验内容

使用 IE 浏览器浏览新浪、网易、搜狐等门户网站上感兴趣的网页内容。

2. 实验步骤

(1) 单击"开始"菜单→"所有程序"→"Internet Explorer"，启动 IE 浏览器，在地址栏中输入新浪网址：https://www.sina.com.cn，如图 9-1 所示。

图 9-1　新浪网址

(2) 单击地址栏下方"新建标签页"图标，打开新的标签页面，输入网易网址：https://www.163.com 通过鼠标切换浏览不同网页，如图 9-2 所示。

图 9-2　新建"网易"标签页

(3) 通过超链接同时打开多个窗口浏览网页。按住 Shift 键的同时单击 Web 超链接，或者右键单击"超链接"，在快捷菜单中选择"在新窗口中打开链接"命令，如图 9-3 所示。

图 9-3　多窗口浏览网页

(4) 将新浪网页添加到"收藏夹"。单击工具栏"收藏夹"选项，打开"添加收藏"窗口，在"名称"处输入"新浪网"，单击"添加"按钮，实现将新浪网页加入"收藏夹"，如图 9-4 所示。

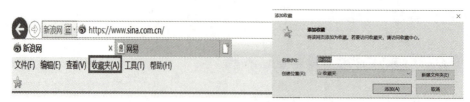

图 9-4　将"新浪网"添加到收藏夹

(5) 用快捷方式将网易网页添加到"收藏夹"，单击搜索栏右边的五角星图标，在下拉菜单里显示所有收藏的网页，单击"添加到收藏夹"按钮，如图 9-5 所示。

图 9-5　快捷方式添加网易网页到收藏夹

(6) 单击后，弹出"添加收藏"窗口，点击"新建文件夹"，在"创建文件夹"窗口中"文件夹名"处输入"新闻"，单击"创建"→"添加"，如图 9-6 所示。

图 9-6　创建收藏文件夹

(7) 再次打开"收藏夹"，单击"新闻"文件夹，在此找到收藏的网易网页。通过鼠标拖拽的方式将新浪网页放入"新闻"文件夹，以此方式可分文件整理收藏夹中的网页，如图 9-7 所示。

图 9-7　整理收藏夹

(8) 导入和导出收藏夹。

如果用户经常在几台计算机上使用 Internet Explorer，则可以通过导出收藏夹来备份收藏夹内容，通过导入收藏夹获得以前收藏的网址。

导出步骤：选择工具栏"文件"→"导入／导出设置"→"导出到文件"→"导出收藏夹"→"下一步"，勾选导出内容"收藏夹"→"下一步"，单击"新闻"→"下一步"→"浏览"，路径选择"桌面"，"文件名"处输入"导出收藏夹"→"保存"→"导出"→"完成"，双击桌面"导出收藏夹.htm"文件查看导出内容，如图 9-8 所示。

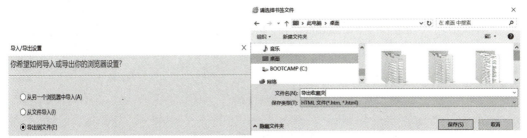

图 9-8　导出收藏夹

导入步骤：选择工具栏"文件"→"导入和导出"→"导入收藏夹"→"浏览"，接着选择需要导入的 .htm 文件，点击"下一步"→"导入"→"完成"。

(9) 保存网页图片。

在图片处鼠标右键单击，选择快捷菜单中的"图片另存为"命令，选择图片存放的路径后单击"保存"按钮。

(10) 保存整个网页。

选择"文件"→"另存为"命令，输入文件名，选择文件存放的路径和保存类型，单击"保存"按钮。

(11) 快速输入地址。

在地址栏中输入"baidu"并且按 Ctrl + Enter 键后，IE 将自动开始浏览 https:// www. baidu.com/。

(12) 清除地址列表。

如果不想让他人知道用户所访问过的地址，只需选择"工具"→"删除浏览历史记录"，勾选需要删除的选项点击"删除"，如图 9-9 所示。

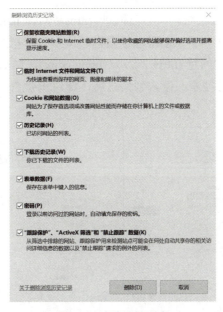

图 9-9　清除地址列表

(13) 设置和修改 IE 的主页。

单击 IE 浏览器窗口"工具"→"Internet 选项"，在弹出的"Internet 选项"对话框的主页文本框中输入 https:// www.baidu.com，单击"确定"按钮，关闭浏览器后再次打开，主页即为百度网页，如图 9-10 所示。

图 9-10　设置和修改 IE 的主页

实验 9-2　使用搜索引擎搜索信息

1. 实验内容

学习使用检索式搜索引擎、目录分类式搜索引擎、元搜索引擎和电子期刊检索。

2. 实验步骤

(1) 检索式搜索引擎。

检索式搜索引擎是根据用户需求与一定的算法，运用特定策略从互联网检索出指定信息反馈给用户的一门检查技术。比如通过百度、搜狗等网站搜索自己感兴趣的内容如：互联网技术、人工智能、物联网等。具体的操作步骤如下：

启动 IE 浏览器，在地址栏中输入百度网址 (http: //www.baidu.com/)，然后输入关键字"互联网技术"，单击"百度一下"按钮进行搜索，搜索到信息后，即可浏览自己感兴趣的内容。在地址栏中输入搜狗网址 (https://www.sogou.com/)，然后输入关键字"人工智能"，单击"搜狗搜索"按钮进行搜索，搜索到信息后，即可浏览自己感兴趣的内容，如图 9-11 所示。

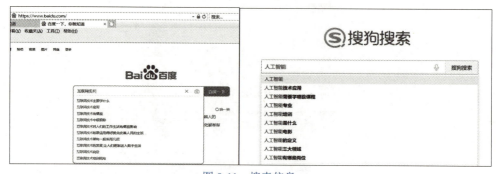

图 9-11　搜索信息

(2) 目录分类式搜索引擎。

目录分类式搜索引擎以人工方式或半自动方式搜集信息，由编辑员查看信息之后，人工形成信息摘要，并将信息置于事先确定的分类框架中。比如通过搜狐、新浪、网易等网站搜索自己感兴趣的模块。具体的操作步骤如下：

在地址栏中分别输入搜狐网址 (http：//www.sohu.com/)、新浪网址 (http//www.sina.com.cn/)、网易网址 (http：//www.163.com/)，浏览自己感兴趣的模块。

(3) 元搜索引擎。

元搜索引擎又称多搜索引擎，通过一个统一的用户界面帮助用户在多个搜索引擎中选择和利用合适的 (甚至是同时利用若干个) 搜索引擎来实现检索操作，是对分布于网络的多种检索工具的全局控制机制。比如在地址栏中输入 360 搜索网址 (https://www.so.com/)，通过 360 搜索浏览自己感兴趣的信息。

(4) 电子期刊检索浏览。

① 中国知网是目前国内最具权威性的、包含学科范围最广的大型综合性文献检索数据库之一。在中国知网中进行检索的操作步骤如下：在地址栏中输入网址 https:// www. cnki.net/，注册登录后，选择需要查阅的主题，输入关键字进行相关内容的期刊检索和阅读，如图 9-12、图 9-13 所示。

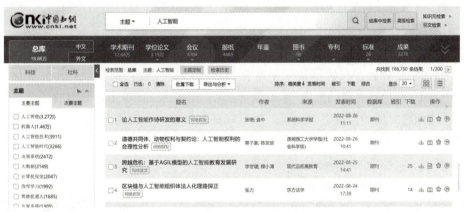

图 9-12　知网首页

图 9-13　在线阅读

② 中文科技期刊数据库是以科技文献为主的综合性中文期刊数据库，该数据库分为全文版、文摘版和引文数据库 3 类。

③ 万方数据资源系统是大型网上数据库联机检索系统，分为科技信息、数字化期刊及企业服务 3 个子系统。

实验 9-3　熟悉电子公告板系统 (BBS)

1. 实验内容

(1) 完成系统登录操作，掌握进入 BBS 平台的基本步骤。

(2) 进行信息浏览，学习查看并筛选论坛内的各类信息。

(3) 了解软件下载功能，学习帖子发布流程，参与论坛交流互动。

2. 实验步骤

(1) 登录系统。

在账号和密码栏中输入 BBS 账号和密码，单击"登录"按钮，登录到 BBS 系统。若尚无账号，请单击登录界面中的"注册"按钮，进行账号注册。用户也可以不进行登录用游客身份浏览。

(2) 浏览信息。

登录 BBS 系统后，在树形目录中选择自己关心的主题，如登录 CSDN 社区 (https://www.csdn.net/) 选择感兴趣的主题，单击则可以打开相应版面。单击版面中的任意一个标题，可以打开该标题对应的文章进行浏览，也可以根据指定的关键词在版面中对所有的帖子进行查询，如图 9-14 所示。

图 9-14　CSDN 首页

(3) 下载软件。

在下载栏目搜索需要的软件，选择合适的版本，单击后弹出软件安装包的下载窗口，下载可执行文件 (.exe)。接着双击下载好的可执行文件，根据安装提示，指定本地路径。安装成功后，在桌面或"所有程序"中即可找到，如图 9-15 所示。

图 9-15　下载软件

(4) 发布文章。

打开一篇文章后，单击旁边的"回复帖子"按钮，即可对该文章内容发表自己的评论。还可以单击"发表文章"按钮，在版面中发表新的文章。发表文章时，在标题栏中填入标题信息，在附件栏中添加需要上传的附件，在文章编辑框中输入要发布的内容，指定文章标签、文章类型、发布形式等选项，单击"发布"按钮，将新的文章发布到当前版面中，如图 9-16、图 9-17 所示。

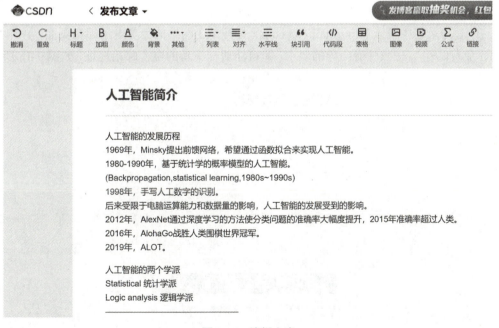

图 9-16　编辑文章

图 9-17　发布文章

实验 9-4　邮箱功能实操

1. 实验内容

申请免费 E-mail 地址，学习邮件的撰写、发送、阅读、回复及转发操作，并掌握向通讯录中添加用户的方法。

2. 实验步骤

(1) 免费电子邮箱的申请。

在 IE 地址栏中输入 http://mail.163.com/，打开 163 网站的免费电子邮箱页面，单击"注册 3G 免费邮箱"，按照注册向导的要求，即可注册一个新的电子邮箱地址，如图 9-18 所示。

图 9-18　注册邮箱

(2) 撰写和发送邮件。

使用注册的账号和密码进入邮箱，在菜单栏中单击"写信"选项，打开"新邮件"窗口，在"收件人"处输入收件人的 E-mail 地址，若希望同时将邮件发送到多个邮箱地址，则在多个邮箱地址之间用逗号或分号隔开；在"主题"处输入邮件的标题；在文本编辑区输入邮件的具体内容。如有文件（如文本、图片、声音、压缩文件等）需要发送，则可以作为该邮件的附件传送给收件人，单击"添加附件"按钮来添加文件。邮件撰写好之后，单击"发送"按钮，如图 9-19 所示。

图 9-19　撰写和发送邮件

(3) 阅读、回复和转发邮件。

邮箱一旦检测到有新邮件到达就会将其放置到"收件箱"文件夹中。收件箱标签页后面会显示未读邮件的数量，右侧会显示收到的邮件标题等信息，单击标题即可阅读邮件，如图 9-20 所示。

图 9-20　阅读邮件

如需回复邮件，在邮件上方单击"回复"或"回复全部"按钮，打开回复邮件窗口，此时不需要输入"收件人"和"主题"，只需在文本编辑区直接输入回复邮件的内容即可，如图 9-21 所示。

图 9-21　回复邮件

如需转发邮件，单击"转发"按钮，打开转发邮件窗口。此时邮件的主题和内容已经存在，只需在"收件人"文本框中输入收件人 E-mail 地址即可，如图 9-22 所示。

图 9-22　转发邮件

(4) 向通讯录中添加用户。

点击菜单中的"通讯录"，打开"通讯录"窗口，点击"新建联系人"按钮，即可添加联系人。点击"复制到组"按钮，即可将新联系人添加到相应组别，如图 9-23 所示。

图 9-23　向通讯录中添加用户

四、思考与扩展练习

1. 在 IE 浏览器中搜索中国高等教育学生信息网主页，并添加到收藏。

2. 将浏览器主页设置为中国高等教育学生信息网。

3. 在超星汇雅电子图书数据库中检索西安电子科技大学出版社出版的书名中包括"信息检索"的相关图书。

4. 注册一个新邮箱，在通讯录中添加 3 ～ 4 位联系人。

5. 在中国知网或万方数据资源系统中检索并下载关于计算机网络发展简史、常用的 Internet 服务、自选专业相关的学术论文 (各一篇)，并通过邮件发送给通讯录中的联系人。

实验 10　文档编辑与内容处理

一、实验目的

(1) 掌握文档的建立和编辑的基本方法。

(2) 掌握文档版面简单的编排方法。

(3) 掌握表格的使用、编辑和调整方法。

(4) 掌握图片版式设置、水印效果设置以及添加艺术字的方法。

二、实验任务与要求

(1) 文档的基本操作：Word 的启动；文件的建立和保存；文档中文字的输入等。

(2) 文档的编辑与排版：页面设置；字体设置；段落设置；边框与底纹设置；编号与项目符号设置；首字下沉设置；分栏设置。

(3) 表格的编辑：表格的创建；表格结构的设置；表格内文字的编辑。

(4) 图片的插入和编辑：图片的插入和调整；设置图片的版式；设置水印效果；添加及设置文本框；艺术字的添加和编辑。

三、实验内容与实验步骤

实验 10-1　编辑与排版文档

1. 实验内容

为学校广播站制作一份广播站招新海报，海报具体效果如图 10-1 所示。

2. 实验步骤

(1) 单击"开始"→"所有程序"→"Microsoft Office"→"Microsoft Word 2016"，启动 Word 2016 并打开，然后单击 Word 启动窗口右窗格中的"空白文档"按钮，Word 会新建一个名称为"文档 1"的空白文档。

(2) 在空白文档中输入图 10-2 中的文本，校对无误后以文件名"广播站招新海报 .docx"存盘。

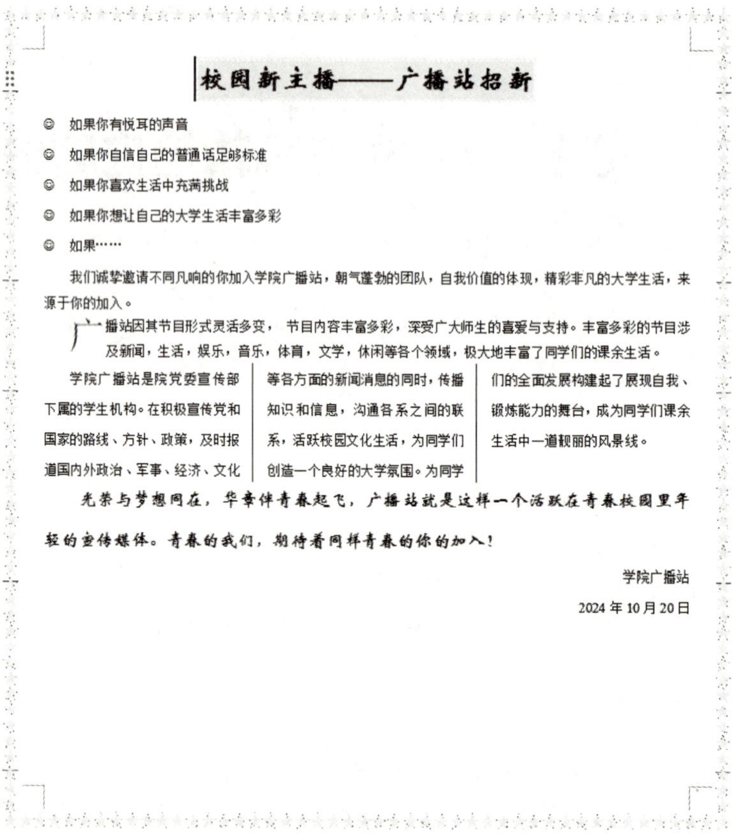

图 10-1　海报效果图

图 10-2　海报内容

(3) 字体设置: 选定文本中的标题"校园新主播——广播站招新 "文字, 然后单击"开

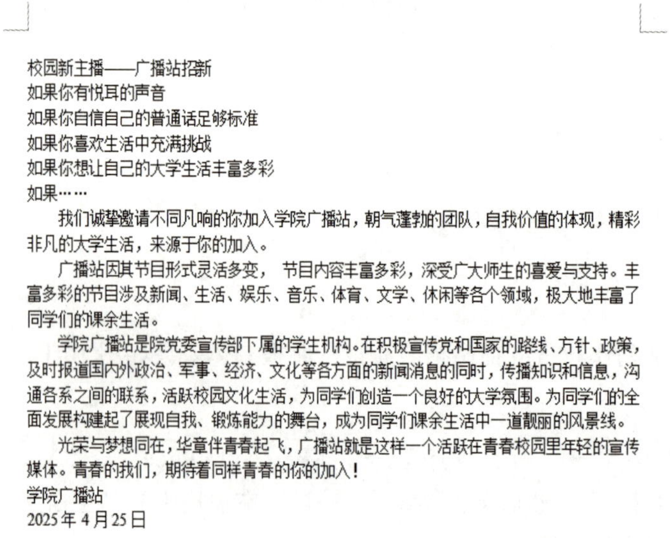

始"按钮→"字体",单击"字体"列表框右侧的下拉按钮,打开"字体"对话框。对所选文字进行设置,在中文字体输入框中输入:华文新魏;在西文字体输入框中输入:Times New Roman;字形为加粗;字号为二号;字体颜色为自动,如图 10-3 所示。

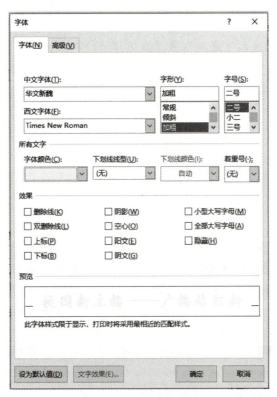

图 10-3　"字体"对话框

使用以上方法设置海报原文中的其他部分的字体,具体的设置格式如下:

① 以下文字设置的格式为:字体为宋体,字号为五号,字体颜色为自动。

> 如果你有悦耳的声音
> 如果你自信自己的普通话足够标准
> 如果你喜欢生活中充满挑战
> 如果你想让自己的大学生活丰富多彩
> 如果……

② 以下文字设置的格式为:字体为黑体,字号为五号,字体颜色为自动。

> 我们诚挚邀请不同凡响的你加入学院广播站,朝气蓬勃的团队,自我价值的体现,精彩非凡的大学生活,来源于你的加入。

③ 以下文字设置的格式为:字体为楷体,字号为五号,字体颜色为自动。

> 广播站因其节目形式灵活多变,节目内容丰富多彩,深受广大师生的喜爱与支持。丰富多彩的节目涉及新闻、生活、娱乐、音乐、体育、文学、休闲等各个领域,极大地丰富了同学们的课余生活。

④ 以下文字设置的格式为：字体为宋体，字号为五号，字体颜色为自动。

> 学院广播站是院党委宣传部下属的学生机构。在积极宣传党和国家的路线、方针、政策，及时报道国内外政治、军事、经济、文化等各方面的新闻消息的同时，传播知识和信息，沟通各系之间的联系，活跃校园文化生活，为同学们创造一个良好的大学氛围。为同学们的全面发展构建起了展现自我、锻炼能力的舞台，成为同学们课余生活中一道靓丽的风景线。

⑤ 以下文字设置的格式为：字体为华文新魏，字号为四号，字体颜色为自动。

> 光荣与梦想同在，华章伴青春起飞，广播站就是这样一个活跃在青春校园里年轻的宣传媒体。青春的我们，期待着同样青春的你的加入！

⑥ 以下文字设置：字体为宋体，字号为五号，字体颜色为自动。

> 学院广播站
> 2025 年 4 月 25 日

(4) 段落设置：选定文本中的标题"校园新主播——广播站招新"文字，然后单击"开始"按钮→"段落"，单击"段落"列表框右侧的下拉按钮，打开"段落"对话框，对所选文字进行设置：对齐方式为居中；行距为 1.5 倍行距，如图 10-4 所示。

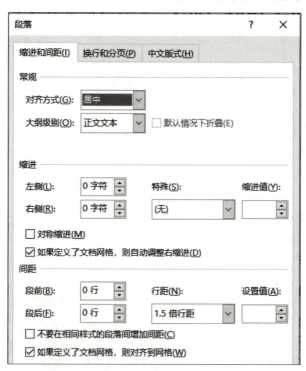

图 10-4 "段落"对话框

使用以上方法设置海报原文中的其他部分的段落，具体的设置格式如下：

① 以下文字设置的格式为：对齐方式为两端对齐；特殊格式为悬挂缩进，2 个字符；行距为 1.5 倍行距。

如果你有悦耳的声音

如果你自信自己的普通话足够标准

如果你喜欢生活中充满挑战

如果你想让自己的大学生活丰富多彩

如果……

② 以下文字设置的格式为：对齐方式为两端对齐；特殊格式为首行缩进，2 个字符；行距为固定值，20 磅。

我们诚挚邀请不同凡响的你加入学院广播站，朝气蓬勃的团队，自我价值的体现，精彩非凡的大学生活，来源于你的加入。

③ 以下文字设置的格式为：对齐方式为两端对齐；特殊格式为首行缩进，2 个字符；行距为多倍行距，1.25 倍行距。

广播站因其节目形式灵活多变，节目内容丰富多彩，深受广大师生的喜爱与支持。丰富多彩的节目涉及新闻、生活、娱乐、音乐、体育、文学、休闲等各个领域，极大地丰富了同学们的课余生活。

④ 以下文字设置的格式为：对齐方式为两端对齐；特殊格式为首行缩进，2 个字符；行距为 1.5 倍行距。

学院广播站是院党委宣传部下属的学生机构。在积极宣传党和国家的路线、方针、政策，及时报道国内外政治、军事、经济、文化等各方面的新闻消息的同时，传播知识和信息，沟通各系之间的联系，活跃校园文化生活，为同学们创造一个良好的大学氛围。为同学们的全面发展构建起了展现自我、锻炼能力的舞台，成为同学们课余生活中一道靓丽的风景线。

⑤ 以下文字设置的格式为：对齐方式为两端对齐；特殊格式为首行缩进，2 个字符；行距为单倍行距。

光荣与梦想同在，华章伴青春起飞，广播站就是这样一个活跃在青春校园里年轻的宣传媒体。青春的我们，期待着同样青春的你的加入！

⑥ 以下文字设置的格式为：对齐方式为右对齐；行距为 1.5 倍行距。

学院广播站

2025 年 4 月 25 日

(5) 边框与底纹设置：选定文本中的标题“校园新主播——广播站招新 ”文字，然后单击“设计”按钮→“页面背景”→“页面边框”项，打开“边框与底纹 ”对话框。

① 在“边框与底纹 ”对话框中选择“边框“选项卡，进行边框设置，边框设置的具体格式为：设置为方框；样式为波浪线；颜色为黄色；宽度为 0.25；应用于为文字。

② 在“边框与底纹 ”对话框中选择“底纹 ”选项卡，进行底纹设置，底纹设置的具

体格式为：颜色为黄色；应用于为文字。

③ 在"边框与底纹"对话框中选择"页面边框"选项卡，进行页面边框设置，页面边框设置的具体格式为：设置为方框；艺术型为选择五角星；应用于为整篇文章。

(6) 项目符号与编号设置：选定以下文字。单击"开始"按钮→"段落"，单击"项目符号"项右边向下箭头，选择笑脸图案即可完成设置。

> 如果你有悦耳的声音
>
> 如果你自信自己的普通话足够标准
>
> 如果你喜欢生活中充满挑战
>
> 如果你想让自己的大学生活丰富多彩
>
> 如果……

(7) 首字下沉设置：选定以下文字。单击"插入"按钮→"文本"→"首字下沉"→"首字下沉选项"，打开"首字下沉"对话框，进行如下设置：位置为下沉；下沉行数为2，如图10-5所示。

> 广播站因其节目形式灵活多变，节目内容丰富多彩，深受广大师生的喜爱与支持。丰富多彩的节目涉及新闻、生活、娱乐、音乐、体育、文学、休闲等各个领域，极大地丰富了同学们的课余生活。

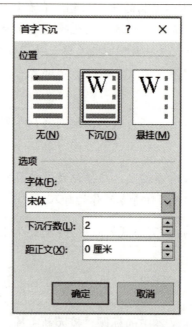

图 10-5 "首字下沉"对话框

(8) 分栏设置：选定以下文字。单击"布局"按钮→"页面设置"→"栏"→"更多栏"，打开"栏"对话框，进行如下设置：预设为三栏；选定"分割线"复选框，如图 10-6 所示。

学院广播站是院党委宣传部下属的学生机构。在积极宣传党和国家的路线、方针、政策，及时报道国内外政治、军事、经济、文化等各方面的新闻消息的同时，传播知识和信息，沟通各系之间的联系，活跃校园文化生活，为同学们创造一个良好的大学氛围。为同学们的全面发展构建起了展现自我、锻炼能力的舞台，成为同学们课余生活中一道靓丽的风景线。

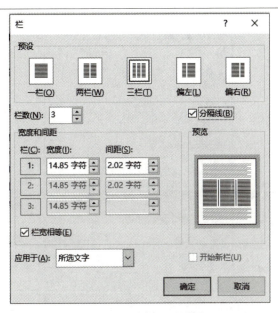

图 10-6　"分栏"对话框

实验 10-2　编辑表格

1. 实验内容

制作一个广告收费表，具体效果如图 10-7 所示。

说明　位置	广告项目	规格（宽*高）cm	价格（人民币）
展馆外	彩虹门	1600*700	10000元
	条幅	1500*600	1500元
	气球条幅	600*300	25000元
展会画册	封面	21.6*28	15000元
	封底		13000元
	封二		10000元
	封三		8000元
	彩色插页		6000元
	广告页（菜单需分色片）		5000 元
宣传资料	门票		5000元/万张
	礼品袋		5000元/千个
	请柬		8000元/万张

图 10-7　广告收费表效果图

2. 实验步骤

(1) 表格的创建。

将光标定于要插入表格的位置。单击"插入"按钮→"表格"列表框下方的下拉按钮，单击"插入表格"项，弹出如图 10-8 所示"插入表格"对话框。在"插入表格"对话框的"行数"文本框中填入 12，"列数"文本框中填入 3，单击"确定"按钮，就会出现一个 12 行 3 列的表格。

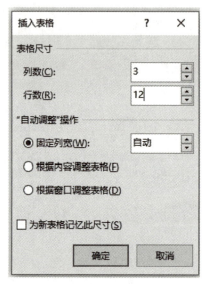

图 10-8 "插入表格"对话框

(2) 录入表格内容。

在表格中输入以下内容 (在表格中输入文字与在文档中输入文字方式相同)，如图 10-9 所示。

广告位置	广告项目	价格（人民币）
展馆外	彩虹门	10000元
	条幅	1500元
	气球条幅	25000元
展会画册	封面	15000元
	封底	13000元
	封二	10000元
	封三	8000元
	彩色插页	6000元
宣传资料	门票	5000元/万张
	礼品袋	5000元/千个
	请柬	8000元/万张

图 10-9 输入表格内容

(3) 编辑表格。

① 插入新行：用鼠标选中表中"宣传资料，门票，5000 元 / 万张"这一行，单击鼠标右键，在弹出的快捷菜单中选择"插入"选项，在弹出的子菜单中选择"在上方插入行"命令项，就会在选定的行上面插入一个新的空行，如图 10-10 所示。

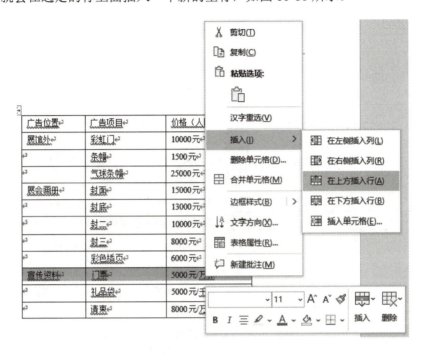

图 10-10　在指定行上插入新行

在新插入的行中分别输入"(空格)""广告页 (菜单需分色片)"和"5000 元"。这样表格就新插入了以上内容，如图 10-11 所示。

广告位置	广告项目	价格（人民币）
展馆外	彩虹门	10000元
	条幅	1500元
	气球条幅	25000元
展会画册	封面	15000元
	封底	13000元
	封二	10000元
	封三	8000元
	彩色插页	6000元
	广告页（菜单需分色片）	5000 元
宣传资料	门票	5000元/万张
	礼品袋	5000元/千个
	请柬	8000元/万张

图 10-11　输入新插入行文字

② 插入新列：用鼠标选中表中最后一列（"价格（人民币）"列），单击鼠标右键，在弹出的快捷菜单中选择"插入"选项，在弹出的子菜单中选择"在左侧插入列"命令项，就会在选定的列左侧插入一个新的空列，如图 10-12 所示。

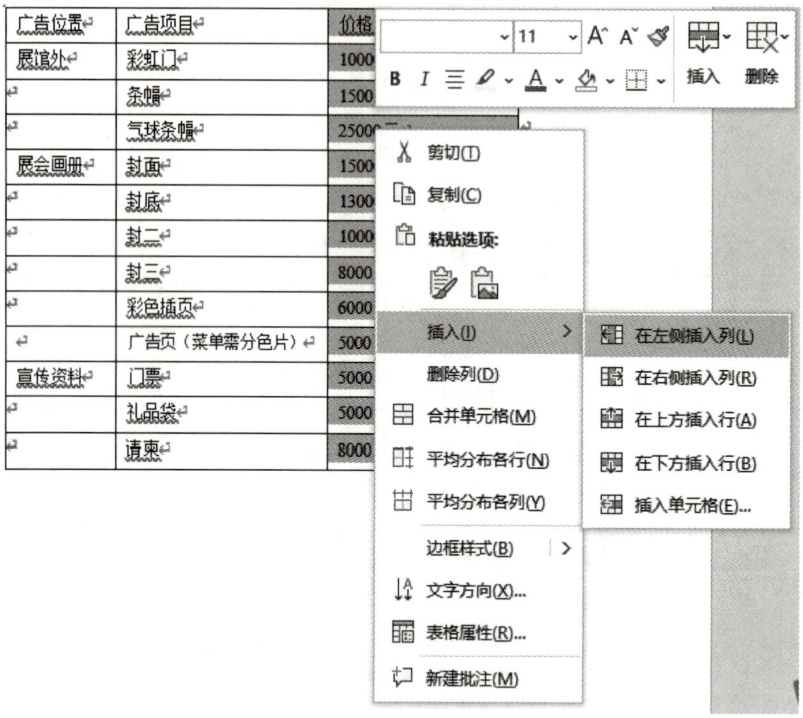

图 10-12　插入新列

在新插入的列中输入以下内容，内容如图 10-13 所示。

广告位置	广告项目	规格（宽*高）cm	价格（人民币）
展馆处	彩虹门	1600*700	10000元
	条幅	1500*600	1500元
	气球条幅	600*300	25000元
展会画册	封面		15000元
	封底		13000元
	封二		10000元
	封三		8000元
	彩色插页		6000元
	广告页（菜单需分色片）		5000 元
宣传资料	门票		5000元/万张
	礼品袋		5000元/千个
	请柬		8000元/万张

图 10-13　输入新插入列文字

删除行和列的方法可以模仿插入行和列的方法，请自行完成。

(4) 合并单元格。

① 选中第三列的第五个到第九个单元格，在选定的区域内单击鼠标右键，在弹出的
快捷菜单中选择"合并单元格"项，如图 10-14 所示。

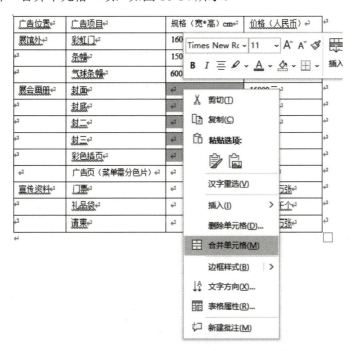

图 10-14 "合并单元格"项

这样就可以把第三列的第五个到第九个单元格合并为一个新的单元格，在新的单元格
中输入内容：21.6*28，效果如图 10-15 所示。

广告位置	广告项目	规格（宽*高）cm	价格（人民币）
展馆外	彩虹门	1600*700	10000元
	条幅	1500*600	1500元
	气球条幅	600*300	25000元
展会画册	封面	21.6*28	15000元
	封底		13000元
	封二		10000元
	封三		8000元
	彩色插页		6000元
	广告页（菜单需分色片）		5000 元
宣传资料	门票		5000元/万张
	礼品袋		5000元/千个
	请柬		8000元/万张

图 10-15 在合并后的单元格中输入数据

② 参照以上步骤，自行完成表中第一列单元格的合并，合并效果如图 10-16 所示。

广告位置	广告项目	规格（宽*高）cm	价格（人民币）
展馆外	彩虹门	1600*700	10000元
	条幅	1500*600	1500元
	气球条幅	600*300	25000元
展会画册	封面	21.6*28	15000元
	封底		13000元
	封二		10000元
	封三		8000元
	彩色插页		6000元
	广告页（菜单需分色片）		5000元
宣传资料	门票		5000元/万张
	礼品袋		5000元/千个
	请柬		8000元/万张

图 10-16　第一列单元格合并效果

(5) 添加表头斜线。

① 删除第一行、第一列单元格中文字"广告位置"，并使光标停留在该单元格内。

② 单击"插入"→"插图"→"形状"按钮，在弹出的下拉菜单中选择"线条"项中的"直线"项并单击，使鼠标光标变成十字光标，移动十字光标到单元格左上角，点击并拖拽至单元格右下角，会画出一条斜线，根据需要调整表头斜线至最佳位置。

③ 单击"插入"→"插图"→"形状"按钮，在弹出的下拉菜单中选择"基本形状"项中的"文本框"项并单击，使鼠标光标变成十字光标，在斜线右上方拖动鼠标绘制一个文本框，并在文本框内输入文字"说明"，然后选中文本框，打开"绘图工具—格式"选项卡，单击"形状样式"功能区的"形状轮廓"按钮，在弹出的下拉菜单中选择"无轮廓"项，取消文本框轮廓线，调整文本框至合适的位置，即可完成斜线右上方文字的添加。

④ 按照上述方法，请自行完成斜线左下方文字的添加，文字内容为"位置"，如图10-17 所示。

说明 位置	广告项目	规格（宽*高）cm	价格（人民币）
展馆外	彩虹门	1600*700	10000元
	条幅	1500*600	1500元
	气球条幅	600*300	25000元
展会画册	封面	21.6*28	15000元
	封底		13000元
	封二		10000元
	封三		8000元
	彩色插页		6000元
	广告页（菜单需分色片）		5000 元
宣传资料	门票		5000元/万张
	礼品袋		5000元/千个
	请柬		8000元/万张

图 10-17　添加斜线及文本后的表头效果

(6) 修改表格框线和底纹。

① 选中表格第一行，单击"表格工具－设计"→"边框"功能区右下角的对话框启动器，如图 10-18 所示。

图 10-18　启动"边框与底纹"对话框

系统弹出"边框和底纹"对话框。选中"边框"选项卡，做如下设置：在"样式"框中选择双线，在"宽度"框中选择 0.5 磅，单击"确定"按钮，第一行的边框就会变为双线。

② 重复步骤①的操作，系统弹出"边框和底纹"对话框。选中"底纹"选项卡，在"填充"框中选中"白色，背景 1，深色 25%"的灰色，单击"确定"按钮，就可以给第一行增加灰色底纹，如图 10-19 所示。

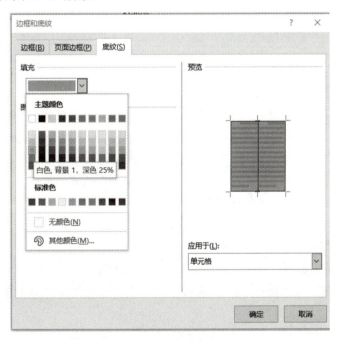

图 10-19　添加灰色底纹

完成以上操作，表格就会呈现最终如图 10-7 所示的效果。

实验 10-3　插入和编辑图片

1. 实验内容

制作一个图文混排的请柬，请柬要求使用大小为 32 开的横向纸，请柬效果如图 10-20 所示。

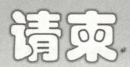

图 10-20 请柬效果图

2. 实验步骤

(1) 纸张设计与文字输入。

① 新建一个空白文档，此时系统默认纸张为 A4 大小。

② 单击"布局"→"页面设计"功能区的对话框启动器，系统弹出"页面设置"对话框。

③ 单击"纸张"选项卡，在"纸张大小"下拉列表框中选择"32 开"。

④ 单击"页边距"选项卡，在"页边距"功能区中将纸张四个页边距（上、下、左、右）均设置为 1 厘米，再单击"纸张方向"功能区的"横向"板式。

⑤ 单击"确定"按钮即可完成设置。

⑥ 输入请柬基本内容。

(2) 插入背景图片。

① 进入请柬案例页面，设置光标位置到本页开始位置。

② 单击"插入"→"插图"→"联机图片"项，系统弹出"插入图片"对话框，如图 10-21 所示。

10-21 "插入图片"对话框

③ 在"必应图像搜索 (bing)"的文本框内输入关键词，如"海盗风景"，单击"搜索"按钮后，符合条件的图片将显示出来，如图 10-22 所示。

图 10-22　搜索图片窗口

④ 利用显示区右侧的滚动条，可以查看所有符合搜索条件的图片，选定图片后，单击"插入"按钮即可完成图片的插入。

⑤ 如果要插入的图片已经保存在本机中，则单击"插图"→"图片"项，系统弹出"插入"对话框，找到并双击图片名即可完成插入。

⑥ 调整图片四周边框线周围显示的八个尺寸控制点，使图片大小符合要求。

(3) 设置图形的版式。

① 鼠标右键单击图片任何位置，系统弹出快捷菜单。

② 移动鼠标至"大小和位置"，如图 10-23 所示。单击鼠标进入"布局"对话框，选择"文字环绕"选项卡，在该选项卡中选择环绕方式为"衬于文字下方"，如图 10-24 所示。

图 10-23　"大小与位置"菜单

图 10-24 "文字环绕"选项卡

③ 输入文字并进行排版，效果如图 10-25 所示。

图 10-25 输入文字后效果图

(4) 设置水印效果。

① 单击选定图片，选择"图片格式"菜单。

② 单击"颜色"按钮，在弹出的下拉菜单中的"重新着色"区选定"冲蚀"项并单击，如图 10-26 所示，即可将图片设置为水印效果，如图 10-27 所示。

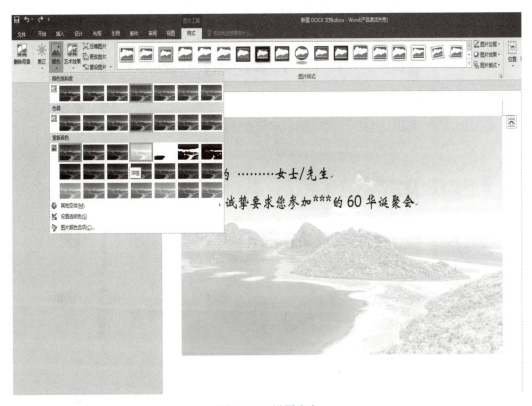

图 10-26　设置水印

图 10-27　水印设置效果

(5) 添加艺术字。

① 进入请柬案例页面，单击"插图"→"文本"→"插入艺术字"按钮。

② 在弹出的下拉菜单中选定需要的样式并单击，如图 10-28 所示。

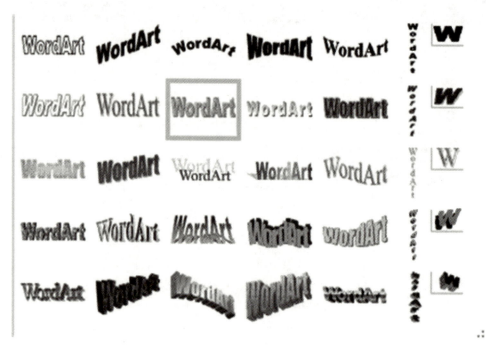

图 10-28　艺术字样式

③ 在文档的编辑区显示的"请在此放置你的文字"文本框中输入"请柬"二字，选中这两个字，设置字体为"华文琥珀"，字号为 48，选定的艺术字就会出现在页面文档中。

④ 选中"请柬"二字，单击"艺术字工具—格式"选项卡，在此选项卡下可以对艺术字进行相关设置，如图 10-29 所示。

图 10-29　艺术字格式设置

(6) 添加文本框。

① 进入"请柬"案例页面，单击"插入"→"插图"→"形状"→"文本框"项，页面中的鼠标光标变为十字光标。

② 移动十字光标到合适位置，按住鼠标左键拖拽至合适位置，松开鼠标左键，编辑区就会添加一个输入文字内容的文本框。

③ 在文本框中输入与邀请函相关的内容并设置其字体和字号，如图 10-30 所示。输入完成后将鼠标移出文本框，单击页面其他位置，这样就离开了文本框的编辑状态。

图 10-30   添加文本框

④ 单击文本框，文本框周围出现显示框定位标记，移动鼠标到框线上的尺寸控制点位置，鼠标变为双箭头光标时按住鼠标左键拖拽，调整至合适大小后松开鼠标即可。

(7) 设置文本框框线和背景。

① 首先选定文本框：单击文本框，显示框定位标志。

② 单击"绘图工具"→"格式"→"形状样式"功能区右下角的对话框启动器，系统弹出"设置形状格式"任务窗格。

③ 在任务窗格中，单击"形状选项"→"填充"→"纯色填充"按钮，在"填充颜色"区选择"浅绿"色，透明度设置为 50%。然后单击"形状选项"→"线条"→"无线条"项。

完成以上所有关于请柬的操作，请柬呈现的最终效果如图 10-20 所示。

四、思考与扩展练习

新建一个 Word 文档，文档分两页，第一页为本专业的宣传画报，第二页为一个自荐表的表格，宣传画报和表格内容自拟。文档以"班级＋学号＋姓名"为文件名保存。

实验 11 演示文稿编辑与优化

一、实验目的

(1) 掌握 PowerPoint 演示文稿的创建和编辑方法。

(2) 掌握 PowerPoint 演示文稿的设计思路。

(3) 掌握 PowerPoint 演示文稿的基本功能。

(4) 掌握 PowerPoint 演示文稿的美化和放映。

二、实验任务与要求

1. PowerPoint 演示文稿的基本操作

(1) 创建和保存 PowerPoint 演示文稿。

(2) 新建、选择、移动幻灯片。

(3) 标题层级与项目符号优化。

(4) 幻灯片位置调整。

(5) 应用演示文稿的主题。

(6) 修改幻灯片母版。

(7) 插入图片。

(8) 插入文本框。

2. PowerPoint 演示文稿的美化

(1) 插入音频或视频。

(2) 插入超链接。

(3) 插入动作按钮。

(4) 生成幻灯片放映文件。

(5) 放映标注并留存。

3. PowerPoint 演示文稿的放映

(1) 自定义放映方式。

(2) 设置展台浏览。

三、实验内容与实验步骤

实验 11-1　熟悉演示文稿基本操作

1. 实验内容

建立一份至少含 6 张幻灯片的演示文稿"家乡 .pptx"。第 1 张为总标题"我的家乡";第 2 张为使用项目符号的各子标题:"家乡的地理位置""家乡的人文""家乡的山水""家乡的特产";第 3 ～ 6 张分别对以上子标题进行介绍,其中第 6 张幻灯片"家乡的特产"要求使用表格。

2. 实验步骤

(1) 打开 PowerPoint 2010,自选路径保存演示文稿,命名为"家乡 .pptx"。具体步骤如下:

① 单击以添加第 1 张幻灯片,在第 1 张幻灯片的标题栏输入"我的家乡",副标题栏输入"——六安"。

② 新建第 2 张幻灯片,点击"开始"→"幻灯片"→"新建幻灯片"。然后单击内容栏,点击"开始"→"段落"→"项目符号",依次输入四个子标题,用回车键隔开。

③ 点击"开始"→"字体",调整字体大小与格式。

④ 在第 3 ～ 6 张新建幻灯片的标题栏依次输入上述四个子标题,在第 3 ～ 5 张幻灯片的内容栏输入对应的内容。

⑤ 在第 6 张幻灯片中插入一个 4 行 2 列的表格,内容如表 11-1 所示。

表 11-1　特产简介

特产	简　　　介
六安瓜片	中国十大历史名茶之一,简称瓜片。明始称"六安瓜片",为上品、极品茶。清为朝廷贡茶
霍山黄芽	产于安徽省霍山县,为中国名茶之一。2006 年 4 月,国家质检总局批准对霍山黄芽实施地理标志成品保护
舒城兰花	形似兰花初放,色泽翠绿显毫,滋味鲜醇回甜,香气清新持久,品质优异

(2) 利用 Tab 键和 Shift + Tab 组合键,对一些标题进行升级、降级等调整并更改第 2 张幻灯片的项目符号,采用图形项目符号。具体步骤如下:

① 将光标移至各标题前,按 Tab 键实现降级,按 Shift + Tab 键实现升级。

② 对第 2 张幻灯片,选中各标题,点击项目符号下拉按钮→"项目符号和编号"→"图片",选择一个图标单击即可。

(3) 利用幻灯片浏览视图交换"家乡的山水""家乡的特产"这两张幻灯片的位置。具体步骤如下:在幻灯片浏览视图中,单击第 5 张幻灯片,鼠标拖动至第 6 张幻灯片下方,即可实现位置的互换。

(4) 为演示文稿设置主题为"透明";在幻灯片母版的标题占位符和文本占位符之间画

上黄色、5 磅双线。具体步骤如下：

① 点击"设计"→"主题"→"效果"，选择效果为"透明"。

② 点击"开始"→"绘图"，选择"直线"，在第 3 张幻灯片标题栏与文本栏之间，按住 Shift 键，画一条水平直线，长度调节为整张幻灯片长度，选中该直线，右键单击选择"设置形状格式"，设置颜色为黄色，宽度为 5 磅，线型为双线。

③ 完成后选中该直线，按住 Ctrl + C 键进行复制，在第 4 ～ 6 张幻灯片中粘贴并适当调整位置。

(5) 在计算机或网络中找一幅合适的图，插入到幻灯片"家乡的山水"中。若没有适合的图，则可在 Windows 画图软件中画一幅图，再插入到幻灯片中。具体步骤如下：

① 通过网络查找天堂寨和万佛湖的图片，下载到本地。在"家乡的山水"幻灯片中，点击"插入"→"图片"，插入网络找到的图片并调整其大小和位置。

② 插入文本框，输入"天堂寨"，选中文字，调整字体大小与格式，将文本框移动到图片中，按住 Ctrl 键，同时选中图片与文本框，鼠标右键单击选择"组合"，将其组合在一起，实现标注。再插入文本框，输入"万佛湖"，其余操作同上。

(6) 将幻灯片"家乡的山水"中的文字设置动画效果为自顶部飞入，持续时间为 1 秒；将插入的图片设置动画效果为进入时为"菱形"；在幻灯片浏览视图中设置所有幻灯片切换方式为"传送带"。具体步骤如下：

① 在"家乡的山水"幻灯片中，选中文字，点击"动画"，设置进入效果为"飞入"。在旁边的"动画效果"中选择"自顶部"，在"高级动画—动画"窗格中设置时间为 1 秒，触发方式为"从上一项开始"。

② 选中图片，点击"动画"，设置进入效果为"菱形"，在"动画"窗格中设置触发方式为"从上一项之后开始"。

③ 在"浏览"视图下，点击"切换"，选择切换方式为"传送带"，点击旁边的"全部应用"。

(7) 保存演示文稿，并放映该演示文稿。具体步骤如下：

① 完成任务后，按 Ctrl+S 键保存演示文稿。

② 按 F5 键放映，通过鼠标单击切换幻灯片。

各页幻灯片内容如图 11-1 所示。

(a)　　　　　　　　　　　　　　　(b)

(c)

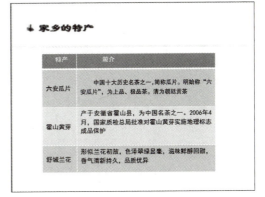

(d)

(e)

(f)

图 11-1 各页幻灯片效果图

实验 11-2 演示文稿的美化

1. 实验内容

在实验一已建立的演示文稿"家乡 .pptx"基础上进行美化。

2. 实验步骤

(1) 在第 1 张幻灯片中插入音乐,最后添加一张幻灯片,插入视频。具体步骤如下:

① 在第 1 张幻灯片界面,点击"插入"→"媒体"→"音频",选择需要插入的音频文件,双击即可插入,然后将其拖动至合适的位置。点击音频图标,在"格式"→"播放"中设置"音频选项"为"跨幻灯片播放"。

② 在最后一张幻灯片后新建一张幻灯片,点击"插入"→"媒体"→"视频",选择需要插入的视频,双击插入。

(2) 对演示文稿"家乡 .pptx"创建超链接和添加动作按钮,使得第 2 张幻灯片中的标题处分别链接到后面对应的幻灯片,并加上"返回"按钮。再创建一个超链接,链接到家乡的文旅官网 (https://wlj.luan.gov.cn/)。具体步骤如下:

① 在第 2 张幻灯片界面，选中"家乡的地理位置"，点击"插入"→"超链接"，选择"本文档中的位置"，链接到第 3 张幻灯片"家乡的地理位置"；同理将"家乡的人文""家乡的特产""家乡的风水"链接到对应的幻灯片，如图 11-2 所示。

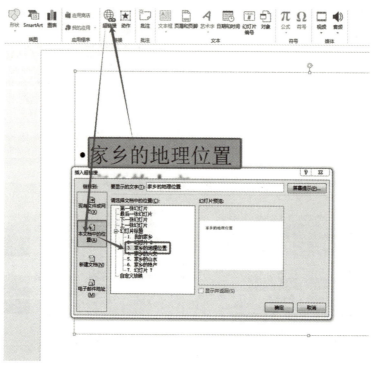

图 11-2 插入超链接

② 在第 3 张幻灯片中点击"形状"选项，选取适合用作返回功能的图形。右下角插入一个"返回"按钮，选中，同上设置超链接到第 2 张幻灯片中。复制该按钮，在第 4、5、6 张幻灯片中粘贴按钮即可，如图 11-3 所示。

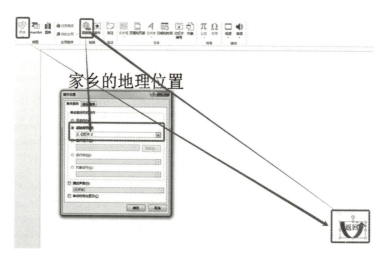

图 11-3 插入返回按钮

(3) 为"家乡 .pptx"建立幻灯片放映文件"家乡 .ppsx"。在文件"家乡 .ppsx"中，通过绘图笔作一些标注，并加以保持。具体步骤如下：

① 打开"家乡 .pptx"，点击"文件"→"另存为"，选择保存类型为"ppsx"，文件名为"家乡 .ppsx"。

② 打开"家乡 .ppsx"，在放映界面单击右键，选择"指针选项"为"笔"或"荧光笔"，作一些适当的标注。结束放映后，选择"保留"标注即可。

实验 11-3　演示文稿的放映

1. 实验内容

建立自定义放映。

2. 实验步骤

利用教材的章节标题建立一个含有 15 张幻灯片的演示文稿，再建立一个名称为"教材"的自定义放映，其内含有该演示文稿的第 1，3，5，7，9，11，13，15 张幻灯片，并建立展台浏览。具体步骤如下：

(1) 新建一个演示文稿，命名为"教材 .pptx"。在第 15 张幻灯片的标题栏中输入文本后点击"幻灯片放映"→"自定义放映"，在弹出的对话框中点击"新建"，将"幻灯片放映名称"命名为"教材"，依次选中第 1，3，5，7，9，11，13，15 张幻灯片，点击"添加"按钮，再点击"确定"。然后可在自定义放映界面选中"教材"，进行放映，如图 11-4 所示。

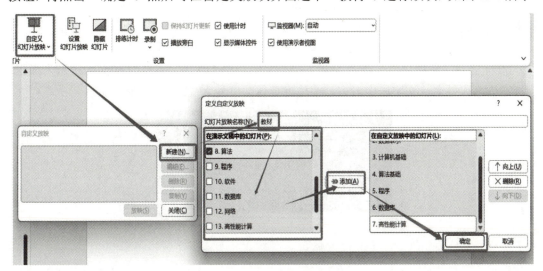

图 11-4　自定义幻灯片播放

(2) 设置展台浏览。点击"幻灯片放映"→"排练计时"，设置后，选择"保留"排练计时，然后点击"设置幻灯片放映"，选择放映类型为"在展台浏览 (全屏幕)"，放映幻灯片为自定义放映的"教材"，换片方式为"如果存在排练时间，则使用它"，再点击"确定"按钮即可，如图 11-5 所示。

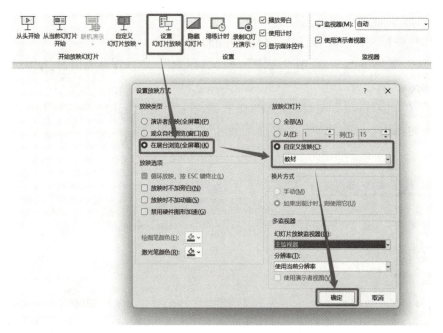

图 11-5　设置展台浏览

四、思考与拓展练习

完成练习：制作一个关于自我介绍的演示文稿，具体步骤如下。

(1) 新建空白演示文稿。

(2) 单击"设计"，从"主题"菜单栏中选择"都市"主题进行添加，如图 11-6 所示。要求如下：

① 添加第 1 页演示文稿，右键选择"版式"，采用"标题幻灯片"版式。

② 标题为"自我介绍"，文字分散对齐，字体为华文琥珀，字号为 60 磅，字形为加粗；副标题为本人姓名，文字居中对齐，字体为黑体，字号为 32 磅，字形为加粗。

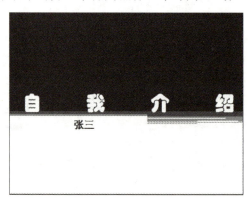

图 11-6　演示文稿第 1 页

(3) 添加演示文稿第 2 页的内容，如图 11-7 所示。要求如下：

① 采用"标题和内容"的版式。

② 标题为"基本情况"；文本处是一些个人信息；剪贴画选择你所喜欢的图片或照片。

图 11-7　演示文稿第 2 页

(4) 添加演示文稿第 3 页的内容，如图 11-8 所示。要求如下：

① 采用"标题和内容"的版式。

② 标题为"学习经历"；表格是一个 4 行 3 列的表格，表头内容是学习时间、学习地点与学习阶段，将表头文字加粗，表格中所有内容居中对齐。

图 11-8　演示文稿第 3 页

(5) 在演示文稿第 2 页前插入一张幻灯片。要求如下：

① 采用"空白"版式。

② 插入艺术字"初次见面，请多关照"，采用"艺术字"库中第 5 行第 3 列的样式，如图 11-9 所示。再选中艺术字"初次见面，请多关照"，单击"艺术字"，在"格式"中选择"艺术字样式"，找到文字效果，选用"转换"效果中的"波形 1"，如图 11-10 所示。

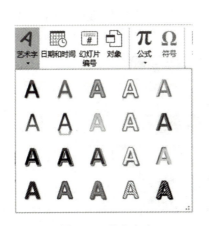

图 11-9　艺术字库

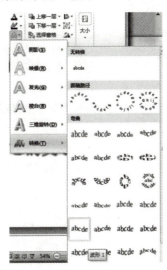

图 11-10　艺术字样式

③ 用鼠标单击形状中的棱台，添加文字"基本情况"和"学习经历"，分别超链接到相应的幻灯片，如图 11-11 所示。

④ 插入一个节奏欢快的声音文件，当幻灯片放映时自动播放音乐，最终效果如图 11-12 所示。

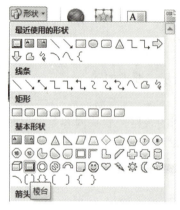

图 11-11　形状图形

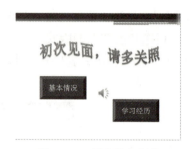

图 11-12　插入的幻灯片

(6) 为演示文稿中的每一页添加日期、页脚和幻灯片编号。其中日期设置为可以自动更新，页脚为"张三自我介绍"，三者的字号大小均为 24 磅。调整日期、页脚和幻灯片编号的位置，添加后第 1 张幻灯片效果如图 11-13 所示。

图 11-13　添加日期、页脚和幻灯片编号后的第 1 张幻灯片

(7) 为演示文稿的最后一页设置背景为"白色大理石"的纹理填充效果，效果如图 11-14 所示。

图 11-14　背景为"白色大理石"的第 4 张幻灯片

(8) 选中演示文稿第 3 张幻灯片中的标题，单击"动画"→"高级动画"→"添加动画"，选择"更多进入效果"中的"挥鞭式"，点击"动画窗格"，设置"效果选项"中声音为"硬币"，选择"单击鼠标"时发生；图片采用"玩具风车"的动画，在前一事件之后发生；文本内容采用"展开"的动画效果逐项显示，设置为"从上一项之后开始"2 秒后发生，如图 11-15 所示。

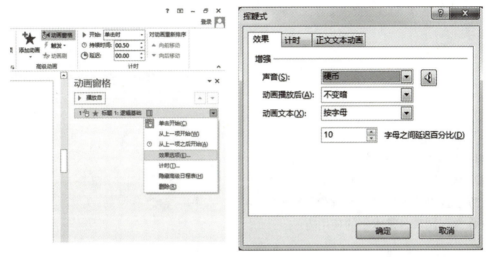

图 11-15　添加动画

(9) 将全部幻灯片的切换效果设置为"形状"，声音为"风铃"，换片方式为"每隔 5 秒自动换片"。

(10) 根据自己的喜好继续美化和完善演示文稿。在"设置幻灯片放映"中，将演示文稿放映方式分别设置为"演讲者放映""观众自行浏览""在展台浏览"及"循环放映，按 ESC 键终止"，观察放映效果。最后将演示文稿以文件名"专业班级学号姓名 .ppt"保存在 Windows(D:) 磁盘下。

实验 12　电子表格的使用与数据管理

一、实验目的

(1) 掌握电子表格的建立和编辑的基本方法。

(2) 掌握电子表格版面简单的编排方法。

(3) 掌握表格的使用、编辑和调整方法。

(4) 掌握图表、艺术字的使用方法。

二、实验任务与要求

1. 电子表格的基本操作

(1) Excel 的启动和关闭。

(2) 工作簿及工作表的建立、打开和保存。

(3) 单元格数据的输入、编辑和修改。

2. 电子表格的公式与函数

(1) 公式与函数的使用。

(2) 数据与公式的复制和填充。

3. 电子表格的格式设置

(1) 单元格字体设置。

(2) 标题设置。

(3) 表头设置。

(4) 边框设置。

4. 电子表格的数据管理

(1) 数据的排序。

(2) 数据的筛选。

(3) 数据的分类汇总。

(4) 数据的条件格式设置。

5. 图表的使用

(1) 创建和修改图表。

(1) 图表、艺术字在 Excel 中的应用。

三、实验内容与实验步骤

实验 12-1   电子表格的基本操作

1. 实验内容

以自己所在专业的学生数据为内容，制作期末学生成绩表。

2. 实验步骤

(1) 单击"开始"按钮→"所有程序"→"Microsoft Office"→"Microsoft Excel 2013"，如图 12-1 所示，启动 Excel 2013 并打开 Excel 窗口，如图 12-2 所示。这时 Excel 新建了一个空白电子表格。

图 12-1   启动 Excel 2013

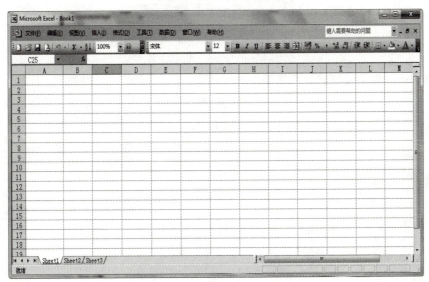

图 12-2   Excel 窗口界面

当 Excel 2013 需关闭时，点击目标工作簿右上角的“×”按钮，或者使用 Alt + F4 组合键即可。

(2) 在空白电子表格中，以文件名“XX 专业 2022 级 2022 年第一学期成绩单 .xlsx”存盘，保存在名为“实验编号 + 专业 + 学号 + 姓名”的文件夹中，例如：文件夹名为“4+工业工程 +22405060101+ 张翼”，如图 12-3 所示。

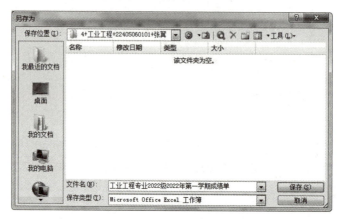

图 12-3 Excel 保存文件

(3) 工作表改名。

学生成绩工作簿创建后，用鼠标双击工作表名 Sheet1，将 Sheet1 更名为自己的专业名称，如图 12-4 所示。

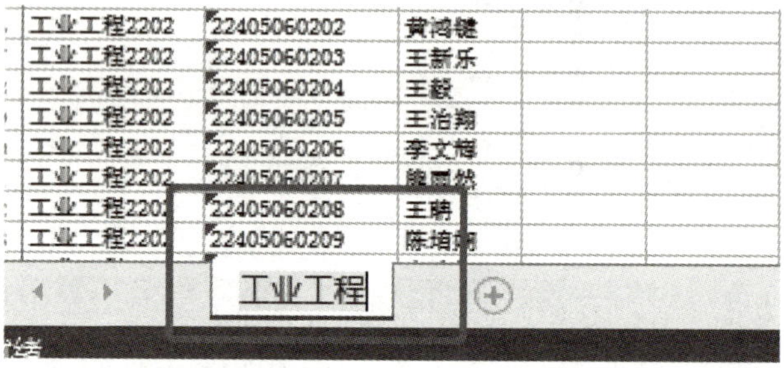

图 12-4 Excel 工作表改名

(4) 在 Excel 表中按照指定要求输入如下信息：

班级 (要求填写自己所在的专业，并且要求有两个班)、学号 (每个班级要求最少有 5 个同学的学号，学号类型为文本、姓名、性别、总分、平均，输入后的效果如图 12-5 所示。

	A	B	C	D	E	F	G	H	I	J	K
1	班级	学号	姓名	性别	出生日期	高数	英语	大物	计算机	总分	平均
2	工业工程2201	22405060101	邓奇伟	男							
3	工业工程2201	22405060102	黄鸿键	男							
4	工业工程2201	22405060103	王新乐	男							
5	工业工程2201	22405060104	王毅	男							
6	工业工程2201	22405060105	王治翔	男							
7	工业工程2201	22405060106	李文辉	男							
8	工业工程2202	22405060201	熊雨然	女							
9	工业工程2202	22405060202	王聃	女							
10	工业工程2202	22405060203	陈堉娴	女							
11	工业工程2202	22405060204	李建红	女							
12	工业工程2202	22405060205	尚嘉蕊	女							
13	工业工程2202	22405060206	王慧	女							

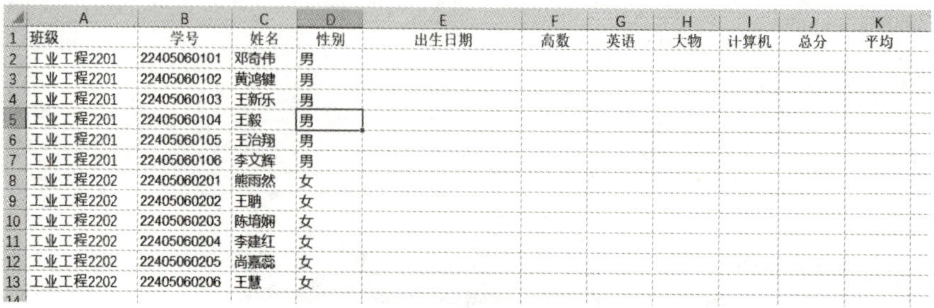

图 12-5 成绩表的效果图 (部分)

实验 12-2　电子表格的公式与函数

1. 实验内容

通过电子表格的公式与函数制作一张学生的成绩表。

2. 实验步骤

(1) 设置日期格式。

鼠标选中单元格 E2，右击鼠标在弹出的菜单中选中"设置单元格格式"，如图 12-6 所示。

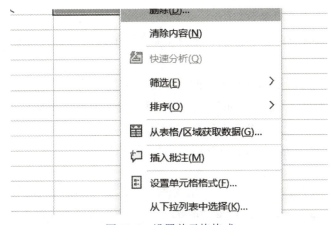

图 12-6　设置单元格格式

在弹出的"设置单元格格式"窗口的"分类"栏中选择"日期"，在"类型"栏中选择"2012/3/14"，如图 12-7 所示。

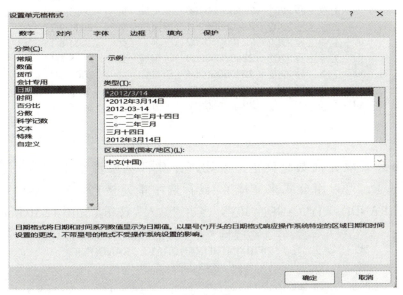

图 12-7　设置单元格为日期格式

(2) 使用公式填充出生日期。

在"编辑框"内输入"="2005/1/1"+IF(RAND()>0.5,1,-1)*INT(RAND()*365)",点击"输入"按钮,如图 12-8 所示。

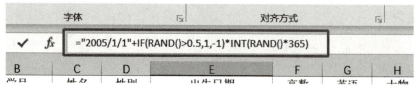

图 12-8　输入日期公式

公式功能:生成出生日期在"2004/1/1"到"2005/12/31"之间的日期数据。

RAND 函数返回了一个大于等于 0 且小于 1 的平均分布的随机实数。 每次计算工作表时都会返回一个新的随机实数。

"IF(RAND()>0.5,1,-1)"生成一个随机数,如果这个数大于 0.5,就返回 1,否则返回 −1,实现日期向前或者向后推。

"RAND()*365"随机生成 0 ~ 365 的一个随机值。

"INT(RAND()*365)"将 0 ~ 365 的一个随机值向下舍入到最接近的整数。

(3) 将鼠标移动到单元格 E2 的右下角,当鼠标变为实心十字时, 按住鼠标左键向下拖动,填充到"E13"单元格,如图 12-9 所示。

▲	A	B	C	D	E
1	班级	学号	姓名	性别	出生日期
2	工业工程2201	22405060101	邓奇伟	男	2005/8/22
3	工业工程2201	22405060102	黄鸿键	男	2005/5/29
4	工业工程2201	22405060103	王新乐	男	2004/11/26
5	工业工程2201	22405060104	王毅	男	2005/6/29
6	工业工程2201	22405060105	王治翔	男	2005/7/30
7	工业工程2201	22405060106	李文辉	男	2005/2/14
8	工业工程2202	22405060201	熊雨然	女	2004/9/10
9	工业工程2202	22405060202	王珊	女	2004/6/15
10	工业工程2202	22405060203	陈培姗	女	2005/1/15
11	工业工程2202	22405060204	李建红	女	2004/1/4
12	工业工程2202	22405060205	尚嘉蕊	女	2005/9/17
13	工业工程2202	22405060206	王慧	女	2004/3/8

图 12-9　输入日期公式 (部分)

(4) 使用公式填充高数、英语、大物、计算机基础课程的成绩 (每门课满分 100, 内容任意,可以用公式来完成)。鼠标选中单元格 F2,在"编辑框"内输入"=70+INT(IF(RAND(),-1,1)*RAND()*30)",点击"输入"按钮,如图 12-10 所示。

图 12-10　输入成绩公式

(5) 将鼠标移动到单元格 F2 右下角，当鼠标变为实心十字时，按住鼠标左键向下拖动，填充到"F13"单元格，如图 12-11 所示。

	A	B	C	D	E	F
1	班级	学号	姓名	性别	出生日期	高数
2	工业工程	22405060	邓奇伟	男	2005/8/22	67
3	工业工程	22405060	黄鸿键	男	2005/5/29	75
4	工业工程	22405060	王新乐	男	########	51
5	工业工程	22405060	王毅	男	2005/6/29	86
6	工业工程	22405060	王治翔	男	2005/7/30	42
7	工业工程	22405060	李文辉	男	2005/2/14	72
8	工业工程	22405060	熊雨然	女	2004/9/10	54
9	工业工程	22405060	王聃	女	2004/6/15	42
10	工业工程	22405060	陈堉娴	女	2005/1/15	69
11	工业工程	22405060	李建红	女	2004/1/4	86
12	工业工程	22405060	尚嘉蕊	女	2005/9/17	95
13	工业工程	22405060	王慧	女	2004/3/8	78
14						

图 12-11 填充高数成绩 (部分)

按照上述操作使用公式分别填充各个学生的英语、大物、计算机基础课程的成绩。此外，总分公式为：=SUM(F2:I2)，平均分公式为：=AVERAGE(F2:I2)，按照公式进行填充，效果如图 12-12 所示。

A	B	C	D	E	F	G	H	I	J	K
班级	学号	姓名	性别	出生日期	高数	英语	大物	计算机	总分	平均
工业工程2201	22405060101	邓奇伟	男	2004/1/4	59	65	41	42	207	51.75
工业工程2201	22405060102	黄鸿键	男	2005/3/1	67	43	46	68	224	56
工业工程2201	22405060103	王新乐	男	2005/4/29	60	45	56	64	225	56.25
工业工程2201	22405060104	王毅	男	2004/1/29	43	43	42	50	178	44.5
工业工程2201	22405060105	王治翔	男	2004/1/5	64	62	54	68	248	62
工业工程2201	22405060106	李文辉	男	2004/6/8	66	69	68	41	244	61
工业工程2202	22405060201	熊雨然	女	2005/4/25	54	44	54	69	221	55.25
工业工程2202	22405060202	王聃	女	2004/1/15	45	60	49	52	206	51.5
工业工程2202	22405060203	陈堉娴	女	2005/10/14	68	43	52	52	215	53.75
工业工程2202	22405060204	李建红	女	2004/11/6	54	60	66	43	223	55.75
工业工程2202	22405060205	尚嘉蕊	女	2005/7/10	61	42	48	61	212	53
工业工程2202	22405060206	王慧	女	2005/9/9	55	40	52	40	187	46.75

图 12-12 学生成绩表效果图 (部分)

实验 12-3 电子表格的格式设置

1. 实验内容

对学生成绩表设置标题、表头和边框等。

2. 实验步骤

(1) 设置标题。

鼠标选中单元格最左侧的行号 1 处右击，在弹出的菜单中选择"插入"命令，在表头上方插入一行，如图 12-13 所示。

图 12-13　插入新行

　　选中单元格 A1:K1，进行单元格合并操作。点击"格式"按钮，在弹出的菜单中选择"设置单元格格式"按钮，在弹出的"设置单元格格式"窗口的"对齐"菜单栏中，勾选"合并单元格"，如图 12-14 所示。

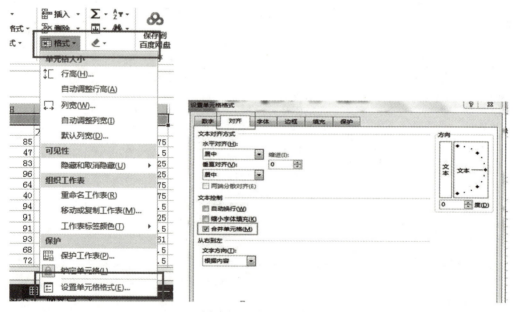

图 12-14　合并单元格

　　在已合并的单元格中输入文字"2022 级工业工程专业学生成绩表"，再次打开"设置单元格格式"窗口做如下设置：行高为 22，中文字体为黑体，字形为加粗，字号为16；图案颜色为金色；图案样式为 50% 灰色，如图 12-15 所示。设置好后的效果如图12-16 所示。

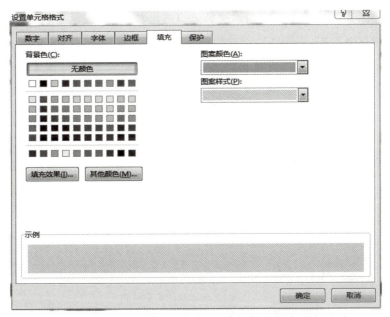

图 12-15　Excel 图案颜色及图案样式设置界面

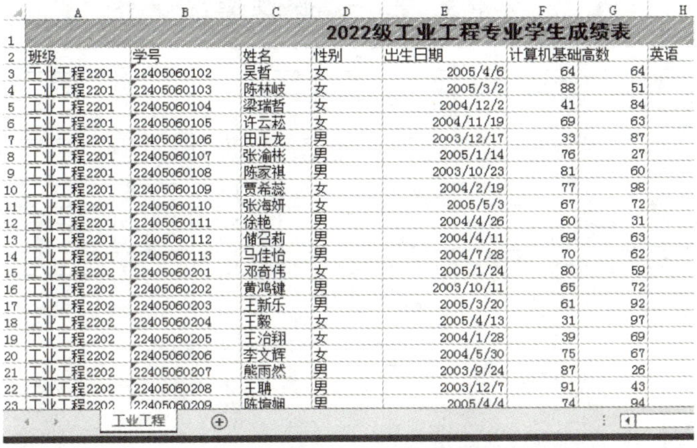

图 12-16　成绩表标题设置效果图 (部分)

(2) 设置表头。

选中表头单元格的"学号"至"平均分",打开"设置单元格格式"窗口做如下设置:行高为 15,中文字体为楷体,字形为加粗,字号为 12;图案颜色为淡蓝色;图案样式为50% 灰色;单元格对齐方式为水平和垂直方向都居中,设置好的效果如图 12-17 所示。

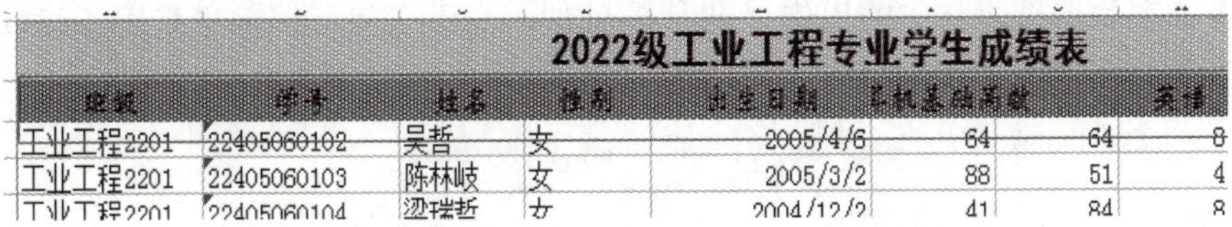

图 12-17　表头设置效果图

(3) 设置边框。

将表中的其他数据单元格做如下设置:行高、字体、字形、字号、图案颜色及图案样式都保持缺省值；单元格对齐方式为水平和垂直方向都居中；最后给表格加上外边框和内部边框，如图 12-18 所示。

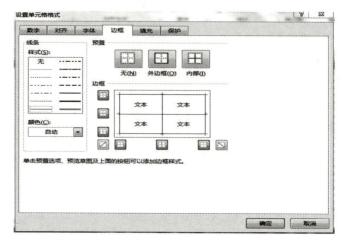

图 12-18　Excel 边框设置界面

加完边框后学生成绩表效果如图 12-19 所示。

班级	学号	姓名	性别	出生日期	计算机基础课成绩	英语	高数	总分	平均分
工业工程2201	22405060102	吴哲	女	2005/4/6	64	64	85	62	275	68.75
工业工程2201	22405060103	陈林岐	女	2005/3/2	88	51	47	60	246	61.5
工业工程2201	22405060104	梁瑞哲	女	2004/12/2	41	84	83	85	293	73.25
工业工程2201	22405060105	许云菘	女	2004/11/19	69	63	96	77	305	76.25
工业工程2201	22405060106	田正龙	男	2003/12/17	33	87	64	51	235	58.75
工业工程2201	22405060107	张渝彬	男	2005/1/14	76	27	40	68	211	52.75
工业工程2201	22405060108	陈家祺	男	2003/10/23	81	60	94	51	286	71.5
工业工程2201	22405060109	贾希蕊	女	2004/2/19	77	98	91	87	353	88.25
工业工程2201	22405060110	张海妍	女	2005/5/3	67	72	91	88	318	79.5
工业工程2201	22405060111	徐艳	男	2004/4/26	60	31	93	60	244	61
工业工程2201	22405060112	储召莉	男	2004/4/11	69	63	68	82	282	70.5
工业工程2201	22405060113	马佳怡	男	2004/7/28	70	62	72	46	250	62.5

图 12-19　学生成绩表效果图（部分）

实验 12-4　电子表格的数据管理

1. 实验内容

对学生成绩表中的数据进行排序、筛选、分类汇总和设置条件格式操作。

2. 实验步骤

(1) 将表中数据按照学生的出生日期升序排列。点击"数据"菜单栏中"排序"按钮，如图 12-20 所示，弹出的"排序"窗口如图 12-21 所示。

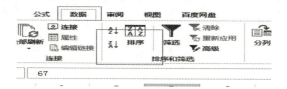

图 12-20　Excel 排序按钮

图 12-21　"排序"窗口

(2) 筛选出计算机基础课程的成绩大于 80 分，并且高数课程的成绩大于 85 分的所有数据。

点击"数据"菜单栏中的"筛选"按钮，再点击"计算机基础"的筛选下拉框，勾选"数字筛选"→"大于或等于"，在弹出的"自定义自动筛选方式"窗口中选择"大于或等于"，并在后面一栏输入"80"。按照同样操作方式筛选出高数课程的成绩大于 85 分的数据。以上操作如图 12-22、图 12-23 所示。筛选后的学生成绩表如图 12-24 所示。

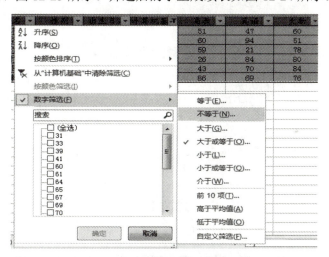

图 12-22　筛选界面 1

图 12-23　筛选界面 2

| | | | | 2022级工业工程专业学生成绩表 | | | | | | |

专业	学号	姓名	性别	出生日期	计算机基础	高数	英语	末期	总分	平均分
工业工程	22012240506020210	李建红	女	2003/12/14	95	86	69	76	326	81.5

图 12-24　筛选后的学生成绩表

(3) 以班级为条件，找出每个班级的各科最高分。

鼠标点击"数据"菜单栏中"分类汇总"按钮，如图 12-25 所示。

图 12-25　分类汇总界面 1

在弹出的"分类汇总"窗口中选择分类字段为"班级"，选择汇总方式为"最大值"，选择汇总项为"计算机基础""高数""英语""大物"，勾选"汇总结果显示在数据下方"，如图 12-26 所示。分类汇总后的学生成绩表如图 12-27 所示。

图 12-26　分类汇总界面 2

班级	学号	姓名	性别	出生日期	高数	英语	大物	计算机	总分	平均
工业工程2201	22405060101	邓奇伟	男	2005/7/17	50	42	61	65	218	54.5
工业工程2201	22405060102	黄鸿健	男	2005/1/26	41	68	49	43	201	50.25
工业工程2201	22405060103	王新乐	男	2004/7/9	57	55	63	42	217	54.25
工业工程2201	22405060104	王毅	男	2005/11/30	59	57	66	48	230	57.5
工业工程2201	22405060105	王治翔	男	2004/3/2	60	42	50	45	197	49.25
工业工程2201	22405060106	李文辉	男	2004/10/12	56	42	67	57	222	55.5
工业工程2201 汇总					323	306	356	300		321.25
工业工程2202	22405060201	熊雨然	女	2004/2/28	52	43	61	68	224	56
工业工程2202	22405060202	王晴	女	2005/10/2	52	54	43	66	215	53.75
工业工程2202	22405060203	陈靖娴	女	2004/10/26	59	54	44	68	225	56.25
工业工程2202	22405060204	李建红	女	2005/1/4	48	63	55	41	207	51.75
工业工程2202	22405060205	尚嘉蕊	女	2004/12/29	45	52	54	44	195	48.75
工业工程2202	22405060206	王慧	女	2005/6/18	42	68	67	63	240	60
工业工程2202 汇总					298	334	324	350		326.5

图 12-27　分类汇总后的学生成绩表 (部分)

(4) 将成绩表中所有大于等于 90 分的课程成绩用"黄填充色深黄色文本"突出显示，所有小于 60 分的课程成绩用"红填充色深红色文本"突出显示。

选中成绩表中学生的各科成绩数据，点击"开始"菜单中的"条件格式"按钮，如图 12-28 所示，在弹出的菜单中选择"突出显示单元格规则"命令→"大于"选项，如图 12-29 所示。

图 12-28　条件格式界面 1

图 12-29　条件格式界面 2

在弹出的"大于"窗口中设置条件，如图 12-30 所示。

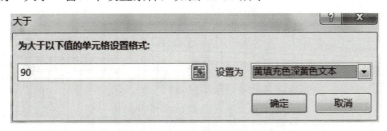

图 12-30　条件格式设置界面

选中学生的各科成绩，在"开始"菜单栏点击"条件格式"按钮，在弹出的菜单中选择"突出显示单元格规则"命令→"小于"选项，设置小于 60 分的课程成绩数据格式，效果如图 12-31 所示。

2022级工业工程专业学生成绩表							
班级	学号	姓名	计算机基础	高数	英语	大物	总分	平均分
工业工程2201	22405060102	吴哲	64	64	85	62	275	68.75
工业工程2201	22405060103	陈林岐	88	51	47	60	246	61.5
工业工程2201	22405060104	梁瑞哲	41	84	83	85	293	73.25
工业工程2201	22405060105	许云松	69	63	96	77	305	76.25
工业工程2201	22405060106	田正龙	33	87	64	51	235	58.75
工业工程2201	22405060107	张渝彬	76	27	40	68	211	52.75
工业工程2201	22405060108	陈家祺	81	60	94	51	286	71.5
工业工程2201	22405060109	贾希蕊	77	98	91	87	353	88.25
工业工程2201	22405060110	张海妍	67	72	91	88	318	79.5
工业工程2201	22405060111	徐艳	60	31	93	60	244	61
工业工程2201	22405060112	储吕莉	69	63	68	82	282	70.5
工业工程2201	22405060113	马佳怡	70	62	72	46	250	62.5
工业工程2202	22405060201	邓奇伟	80	59	21	78	238	59.5
工业工程2202	22405060202	黄鸿键	65	72	30	91	258	64.5
工业工程2202	22405060203	王新乐	61	92	61	69	283	70.75
工业工程2202	22405060204	王毅	31	97	34	50	212	53
工业工程2202	22405060205	王治翔	39	69	71	88	267	66.75
工业工程2202	22405060206	李文辉	75	67	94	82	318	79.5
工业工程2202	22405060207	熊雨然	87	26	84	80	277	69.25
工业工程2202	22405060208	王聘	91	43	70	84	288	72
工业工程2202	22405060209	陈墡娴	74	94	70	66	304	76
工业工程2202	22405060210	李建红	95	86	69	76	326	81.5
工业工程2202	22405060211	尚嘉蕊	70	92	30	39	231	57.75
工业工程2202	22405060212	王慧	41	70	30	76	217	54.25

图 12-31　设置条件格式效果图

实验 12-5　电子表格的图表的使用

1. 实验内容

根据学生成绩表中的数据生成图表，并对生成的图表设置图表标题、修改工作表名、设置坐标轴标题、添加数据表。

2. 实验步骤

使用图表向导制作"2022级工业工程专业学生成绩表"的柱形内嵌图表，将图表标题命名为：2022 级工业工程专业学生成绩表。

(1) 按住鼠标左键选中成绩表中的姓名及各科成绩，再按 F11 键，Excel 将自动生成一个新工作表，如图 12-32 所示。

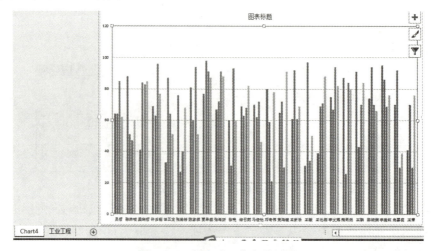

图 12-32　新生成工作表效果图

(2) 修改工作表名为"成绩表柱状图"，如图 12-33 所示。

图 12-33　修改工作表名称

(3) 设置图表标题。

鼠标点击图表区域的"+"按钮，在图表元素设置界面取消勾选"图表标题"选项，如图 12-34、图 12-35 所示。

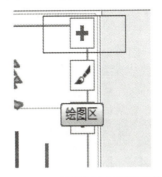

图 12-34　Excel 图表元素设置界面 1　　　　图 12-35　Excel 图表元素设置界面 2

点击"插入"选项卡→"艺术字"按钮，选择"艺术字样式"里的"填充金色，着色 4"选项，如图 12-36 所示，效果如图 12-37 所示。

图 12-36　插入艺术字作为标题

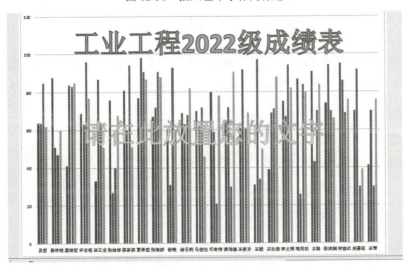

图 12-37　艺术字作为标题效果

(4) 设置坐标轴标题。

鼠标点击图表区域，点击"+"按钮，在图表元素设置界面勾选"坐标轴标题"选项，在展开的菜单中勾选"主要横坐标轴""主要纵坐标轴"选项，如图 12-38 所示。

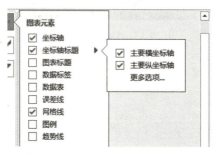

图 12-38　Excel 设置坐标轴标题

将图表的主要横坐标轴名称改为"姓名"，主要纵坐标轴名称改为"成绩"，如图 12-39 所示。

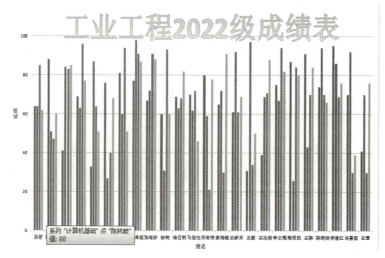

图 12-39　添加坐标轴名称后的成绩表效果图

(5) 在图表下方显示学生成绩。

鼠标点击图表区域，点击"+"按钮，在图表元素设置界面勾选"数据表"选项，在展开的菜单中勾选"显示图例项标示"选项，如图 12-40 所示，效果如图 12-41 所示。

图 12-40　Excel 图表元素设置

0	邓奇伟	黄鸿键	王新乐	王毅	王治翔	李文辉	熊雨然	王聪	陈靖娴	李建红	尚嘉蕊	王慧
■高数	47	51	44	49	52	69	46	62	47	66	47	57
■英语	60	64	49	51	48	60	44	40	44	66	55	54
■大物	43	54	61	59	53	64	53	40	68	55	69	52
■计算机	67	65	51	41	45	56	55	65	48	46	55	40

■高数 ■英语 ■大物 ■计算机

图 12-41 Excel 数据表效果图

四、思考与练习

1. 某公司 2025 年第一季度销售数据如表 12-1 所示。

表 12-1 销售数据

月份	产品 A 销量	产品 B 销量	单价 / 元	销售额 / 元
1 月	120	80	50	待计算
2 月	150	90	50	待计算
3 月	200	110	50	待计算

请完成以下操作：

(1) 数据计算。

① 在"销售额 / 元"列 (E2:E4) 使用公式计算每月总销售额，公式为：销售额 = (产品 A 销量 + 产品 B 销量)× 单价；

② 在 E5 单元格使用 SUM 函数计算第一季度总销售额。

(2) 数据分析。

在 F 列新增"增长率"列，计算每月销量环比增长率 (从 2 月份开始)，公式为

$$增长率 = \frac{本月总销量 - 上月总销量}{上月总销量}$$

结果以百分比显示 (保留 2 位小数)。

(3) 图表制作。

① 插入簇状柱形图，比较第一季度各月份产品 A 与产品 B 的销量 (数据范围：B2:C4)。

② 添加图表标题"2025 年 Q1 产品销量对比"，并设置纵坐标轴最大值为 250。

(4) 使用高级功能设置图表格式。

① 使用条件格式将"增长率"列中大于 10% 的单元格标记为绿色。

② 为数据区域 (B2:E4) 在边框设置中添加所有框线，并设置标题行 (A1:E1) 背景色为浅灰色。

参 考 文 献

[1]　周勇.计算思维与人工智能基础 [M]. 2 版.北京：人民邮电出版社，2021.

[2]　姚琦，杨华峰.人工智能通识与应用 [M].北京：中国建筑工业出版社，2024.

[3]　徐月美，王新，周勇.计算思维与人工智能基础实验 [M].北京：人民邮电出版社，2023.

[4]　龚星宇.计算机网络技术及应用 [M].西安：西安电子科技大学出版社，2022.

[5]　凤凰高新教育.中文版 Photoshop CS6 基础教程 [M].北京：北京大学出版社，2016.

[6]　数字艺术教育研究室.中文版 Premiere Pro CC 2018 基础培训教程 [M].北京：人民邮电出版社，2020.

[7]　黄佳.零基础学机器学习 [M].北京：人民邮电出版社，2020.

[8]　西村泰洋.完全图解云计算 [M].陈欢，译.北京：中国水利水电出版社，2022.

[9]　来阳.Stable Diffusion 图像与视频生成入门教程 [M].北京：人民邮电出版社，2024.

[10]　龚尚福，贾澎涛.大学计算机 [M].西安：西安电子科技大学出版社，2016.

[11]　高万萍，王德俊.计算机应用基础教程 (Windows 10, Office 2016)[M].北京：清华大学出版社，2019.

[12]　姜薇，张艳.大学计算机基础实验教程 [M]. 3 版.北京：清华大学出版社，2016.